WARIBASHI BOOK

割り箸が地域と地球を救う

JUON（樹恩）NETWORK
佐藤敬一　鹿住貴之

創森社

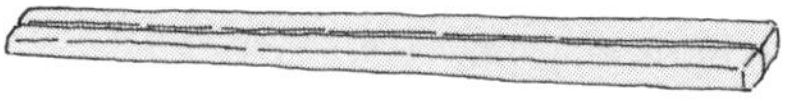

はじめに

割《わ》り箸《ばし》は使っていいのでしょうか？　いけないのでしょうか？

地球温暖化の影響と思われる気候変動などの現象を日常的にも感じるようになっている今日、環境問題は社会的にも大きな関心事となり、今後、人類が生き延びていこうとするならば、避けては通れない問題となってきました。

割り箸は、人が生きていく上で欠かすことのできない大切な資源である木を使って作り、一度しか使わずに捨ててしまうものです。このことが、割り箸を使ってはいけないと思わせる原因でしょう。

しかし、最近では「間伐材《かんばつざい》からできた割り箸なら使ってもいい」ということをよく耳にするようになりました。「間伐は日本の森林を守るために必要だ」と。でも、今使おうとしている割り箸が、間伐材からできているのかどうなのか、ちょっと見ても知ることはできません。そこで、冒頭の問いが頭に浮かんできます。

私たちがかかわるＪＵＯＮ　ＮＥＴＷＯＲＫ（樹恩《じゅおん》ネットワーク）では、１９９８年から国産間伐材製「樹恩割り箸」を進める活動をしてきました。

本書は、この取り組みについて知っていただき、割り箸が森林を破壊する原因にはなっていないこと、いや、むしろ、地域や地球を救う可能性を大いに持っていることを多くの

はじめに

方々にわかっていただくために書いた本です。そのことをわかりやすく理解していただこうと、4章構成とし、巻末にはエコ・コラムやインフォメーションをつけています。

第1章の「国産材割り箸は森を育て環境を守る」は、樹恩割り箸の取り組みについて、その誕生や意義などを書きました。第2章の「日本独自の食器・割り箸の推移と現在」では、割り箸全般について、歴史や利用状況などにふれています。第3章の「樹恩割り箸の製造と利用・リサイクル」は、樹恩割り箸の製造から利用、そして、リサイクルまでを取り上げました。第4章の「一膳の割り箸から考える森林・林業」では、割り箸から森林や林業、さらに、山村について考えてみます。そして、巻末のエコ・コラムでは、木を中心とした環境問題について解説しています。

私たちJUON　NETWORKの名前の由来である「樹恩」とは、法隆寺、薬師寺の宮大工であった故・西岡常一棟梁《とうりょう》の『木に学べ――法隆寺・薬師寺の美』という著書から取らせていただいた言葉です。いわく、「今になって、緑や、自然やゆうても……。ところが、このことにお釈迦様は気がついておられた。『樹恩』ということを説いておられるんですよ、ずっと大昔に。それは木がなければ人間は滅びてしまうと……」

本書を通じてみなさんが、割り箸から森林・林業・山村について思いをはせ、持続可能な循環型社会について考えるきっかけを得ていただければ幸いです。

2007年　9月3日

佐藤敬一　鹿住貴之

割り箸が地域と地球を救う●もくじ

第2章 日本独自の食器・割り箸の推移と現在——29

第3章 樹恩割り箸の製造と利用・リサイクル——41

第4章 一膳の割り箸から考える森林・林業―― 55

◆エコ・コラム

〈主な参考文献〉

『森林・林業・木材産業 そこが知りたい 平成18年版』全国林業改良普及協会
『地球を救う133の方法』アースデイ21編　家の光協会
『箸の本』本田總一郎著　日本実業出版社
『ワリバシ讃歌』湯川順浩著　都市文化社
『割り箸で森が救えるか？』銀河書房
『割り箸はもったいない？－食卓からみた森林問題』田中淳夫著　筑摩書房
『森林と私たちのこれから～東アジアの中の日本～』JUON NETWORK
『地球温暖化と森林・木材』日本林業調査会
『平成19年度森林・林業白書』林野庁編　日本林業協会
『エコマテリアル学－基礎と応用』未踏科学技術協会「エコマテリアル研究会」監修　日科技連出版社
『ふれあい まなび つくる－森林環境教育プログラム事例集』全国森林組合連合会
『よくわかる地球温暖化問題』気候ネットワーク編　中央法規

第１章

国産材割り箸は森を育て環境を守る

国産材割り箸は森を育て環境を守る名脇役

●割り箸は環境破壊の元凶か

割り箸は、森林破壊の原因であり、環境破壊の元凶である……ちまたでよくいわれた話です。しかし、本当に割り箸は森林破壊の原因なのでしょうか？

現在、日本で使われている割り箸は２６０億膳ですが、そのうち98％は輸入されています。たしかに海外で製造される割り箸は、わざわざエネルギーをかけて運んでくるわけです。また、輸入割り箸の99％を依存する中国では、木材が不足していると聞きます。その意味では、日本の多くの割り箸は森林資源を無駄に使っている、といえるかもしれません。

しかし、その使われている材であるシナノキ、アスペン、シラカバ等は、比較的生長が早いため再生しやすく、また、割り箸に使う木材の量は、全木材使用量の中で大した量ではないようです。

一方、国産の割り箸についてはどうでしょうか。少なくとも、国産の割り箸に限っていえば、森林を破壊する原因とはなっていません。そもそも割り箸は、木材として使われないスギ、ヒノキなどの端材《はざい》の部分を有効活用するために生まれたアイデア商品です。

現在では、木をまるまる使うロータリー式（44ページ）の割り箸製造方式が多くなっていますが、それでも日本の森林面積はここ数十年２５００万haの横ばいで減っていませんし、蓄積量（体積・材積）はむしろ増えています。また、日本の木を使うことで、放置されて荒れた森林が利用されることになり、手入れがされることに結びつくのです。

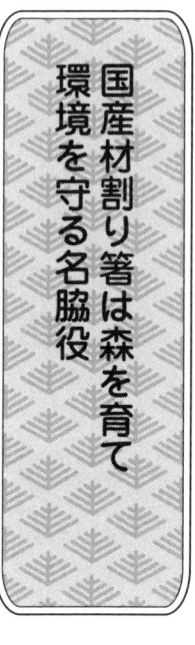

●樹恩割り箸の3つの意義

本書で取り上げる「国産間伐材製『樹恩割り箸』」は、日本の森林を守るために間伐材・国産材を使うこと、障害者の仕事づくりに貢献すること、食堂の排水を減らし、さらに排水中の汚れを減らすこと、

〔国産材を使って元気な森を育てる〕

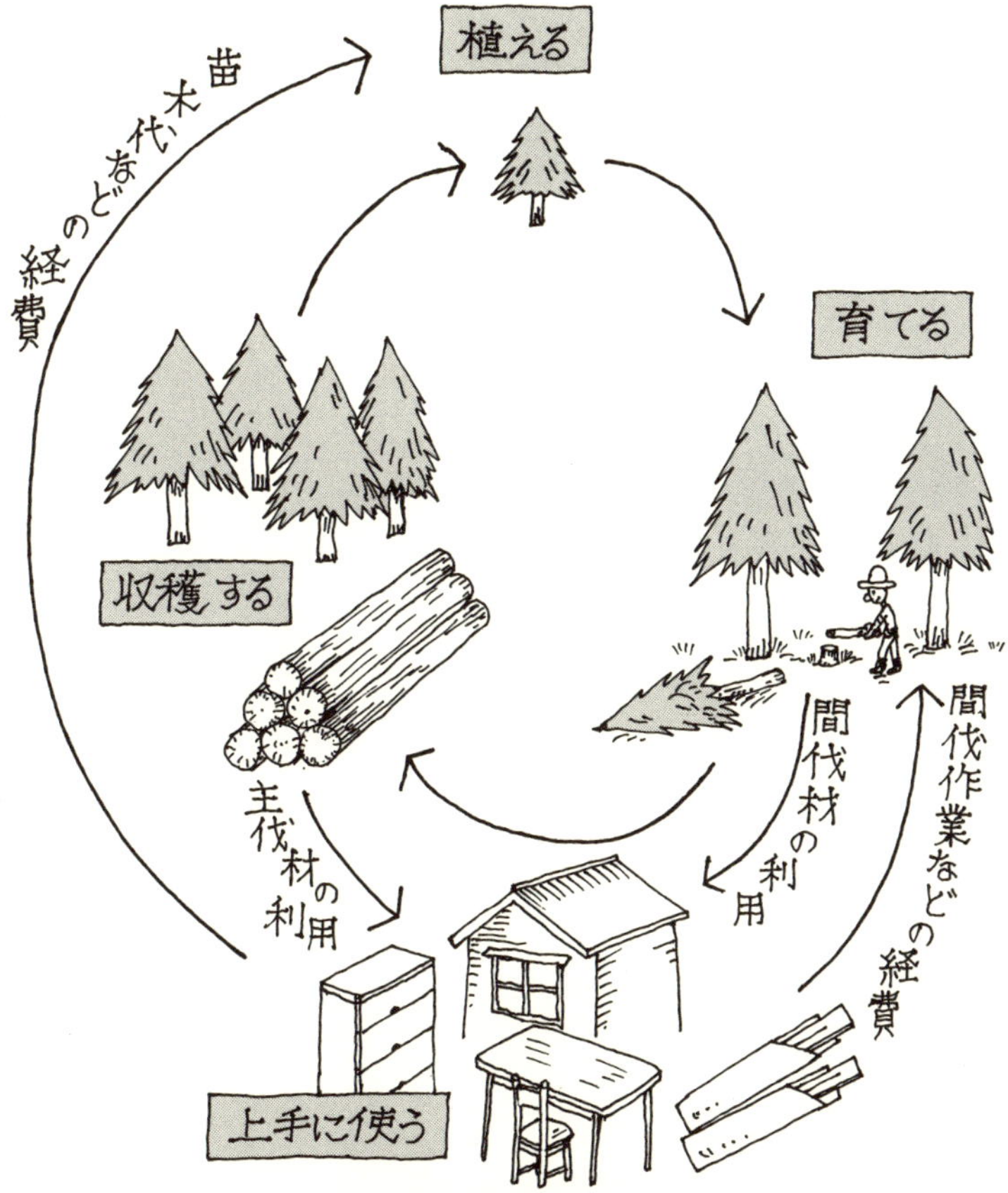

「植える・育てる・収穫する・使う」というサイクルを築くことが、CO_2（二酸化炭素）をたっぷりと吸収する元気な森をつくる、すなわち環境保全につながる。

出典：『GREEN STYLE』Vol. 10をもとに加工作成

この3つの意義があります。また、作る人の顔も見えているため安全です。樹恩割り箸は、まさに都市と山村を結ぶ「かけはし」となっています。

　このように割り箸にはさまざまなメリットがあり、「森林を守るための名脇役」ということができるのではないでしょうか。「割り箸は資源の有効活用の象徴」ということもできるのです。

　もう一つ割り箸が批判される際によくいわれることが、「使い捨て」という点です。木を一度使っただけで捨てるということは、そんなに悪いことなのでしょうか？　たしかにもったいない気がします。

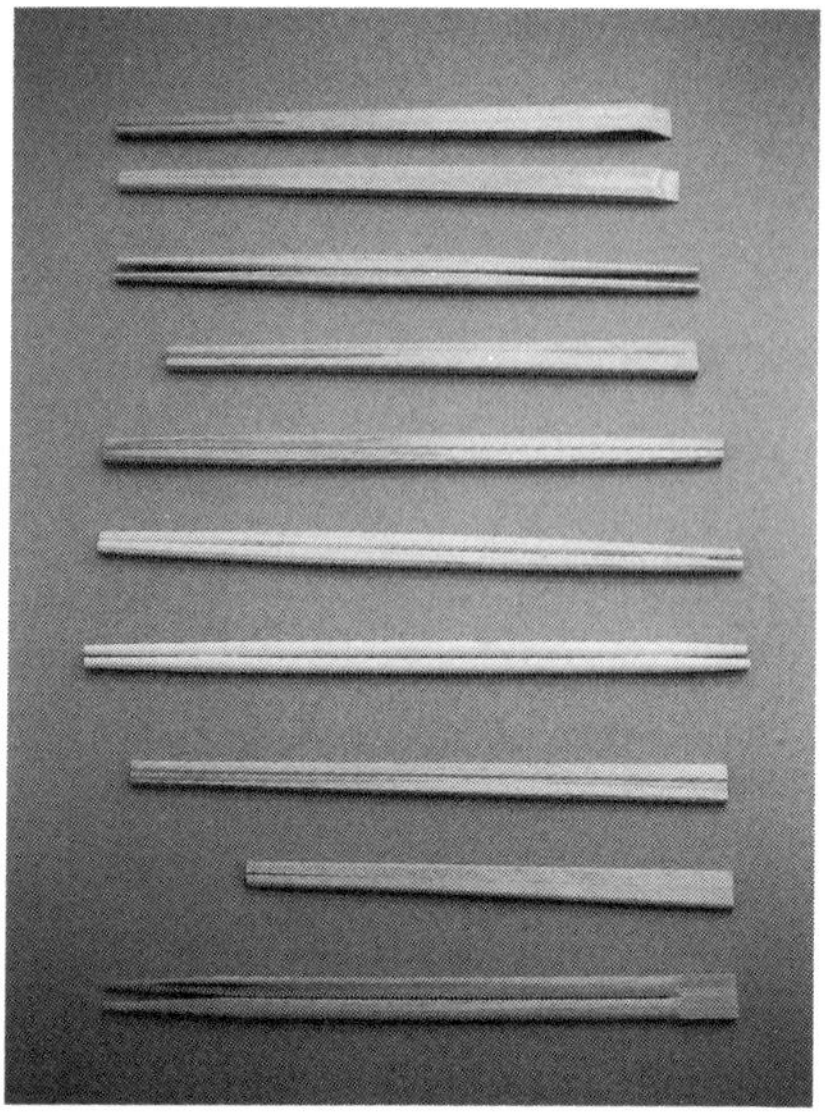

業務用割り箸の普及品いろいろ（資料提供＝箸勝本店）

　しかし、木を含めた植物は、工業資源という意味では唯一、再生産可能な循環型の資源です。逆に、割り箸の代わりに使われる塗り箸の材料は何かと考えれば、食堂等で使われているものの多くは石油から製造されたプラスチック製です。石油はあと50年で無くなるといわれています。

　また、木製の塗り箸にしても、一人の人がずっと同じ箸を使い続けるということはありえないでしょう。結局は、使う時間の長さが違うだけで、使う人の愛着はあるものの、やがて捨てられる運命にあるという意味では同じではないでしょうか。

　使うサイクルが短いという意味では、それだけ継続して、山村側にお金が入る、という意味でもあります。現在の状況では、割り箸だけで多くの収入を得ることは難しいことですが、日本の森林・山村を守っていくためには、経済的に成り立つということがとても大切です。

間伐材割り箸がもたらす3つの効用

●間伐材割り箸が意味するもの

本書の著者２人がかかわるＪＵＯＮ　ＮＥＴＷＯＲＫ（樹恩ネットワーク）では、大学生協食堂を中心に国産間伐材製「樹恩割り箸」の普及推進活動に取り組んでいます。

「間伐材割り箸」は１膳４ｇ程度です。年間に大学生協食堂で使用する割り箸の潜在的な量は５０００万膳と見積もっています。したがって、潜在的な間伐の需要としては２００ｔにしかなりませんので、間伐材の用途としては問題になりません。

間伐材割り箸の導入の目的は、大きく次の３つが挙げられます。すなわち、①大学食堂ゼロエミッション化（ゴミや不要物が出ても再資源化して廃棄物や汚染物質の排出をゼロにしようとすること）の一環としてなど、大学生協の環境活動を考える契機、②障害者の仕事づくり、③学生への環境問題や日本の森林問題の啓発です。

前項でもふれていますが、ここでより詳しく具体的に述べておきます。

●大学生協の環境活動

環境マネジメントシステムは、ＩＳＯ１４００１（ＩＳＯは国際規格機構の略）により規定され、明確な環境意識を持ち環境に配慮した事業展開を行っている企業や団体が、第三者の審査を受けて、この認証を取得し、世間にアピールすることができます。各大学生協も、生協単独や大学のサイト（一部）として参加して認証取得を行っています。

この認証取得のためには法令順守が義務づけられていますが、食堂の排水中のＣＯＤ（化学的酸素要求量、すなわち有機物を分解するために必要な酸素量）などの汚れが条例の規制値を超えている場合、いかに食堂の排水を浄化するかが問題となります。これを契機として、割り箸の使用を検討したり、また、間伐材利用の促進を大学生協として検討することなど、生協の環境活動の問題提起のとっかかりとして間伐材割り箸を扱ってもらっているのです。

●障害者の仕事づくり

樹恩の間伐材割り箸の製造には、必ず障害者施設にかかわってもらっています。

知的障害者などの障害者施設は空気のきれいな山間部などに立地している場合が多いのですが、その立地ゆえ、障害者がリハビリを行い、社会参加のための仕事をする場としては、仕事自体がなく、障害者に仕事に見合った給料を払うことが困難な状況です。現在、障害者の給料は月給数千円程度ですが、それが割り箸生産を行うことにより1万円以上の月給を払うことが可能になります。

割り箸の生産コストを下げるために障害者施設を利用している面もありますが、障害者施設の側でも障害者に仕事意識を持ってもらうための最適な仕事場として評価しています。

１９９７年に、徳島県三好市の障害者施設「箸蔵《はしくら》山荘」で、試験的に数カ月の期間を限って割り箸製造を行いました。そして、製造を一時中断して、本格的に事業を行うかどうかの検討を行いました。

障害者は割り箸の選別作業に従事し、大学を訪れて割り箸を利用する学生と交流したり、また、学生が施設を訪れたりして、障害者が社会の中での自分たちの仕事の意義を認識しだした矢先に、この中断期間に入ってしまいました。

障害者は精神的に不安になって、施設からの帰りに店に石を投げ込んでしまうということがありまし

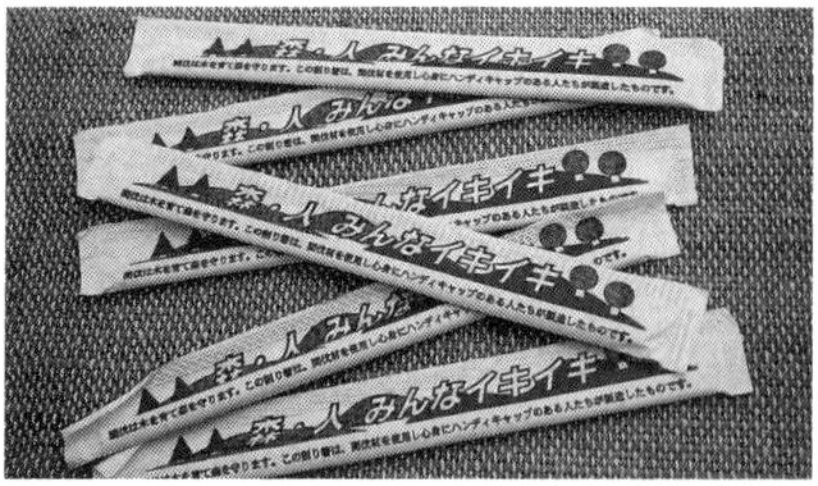

樹恩間伐材割り箸。袋に「森・人みんなイキイキ」とアピール

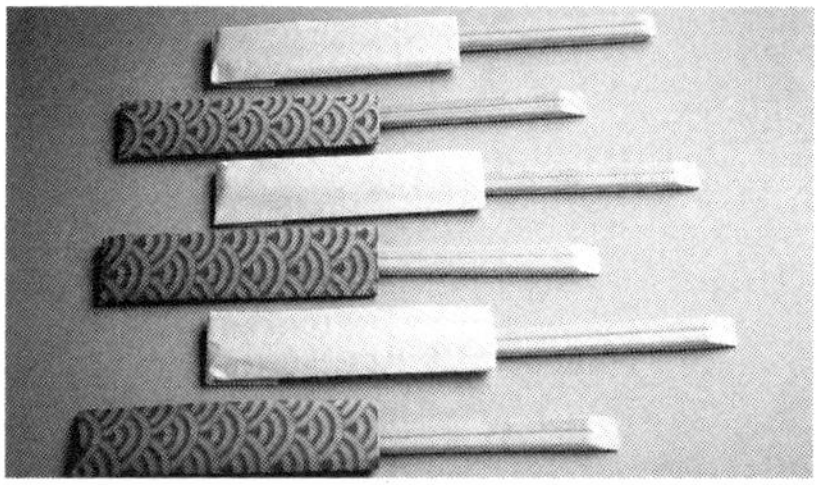
樹恩間伐材割り箸。頭部（天）を斜めに大きくカットしたタイプ

間伐材などを利用した割り箸生産フロー図（当初の構想）

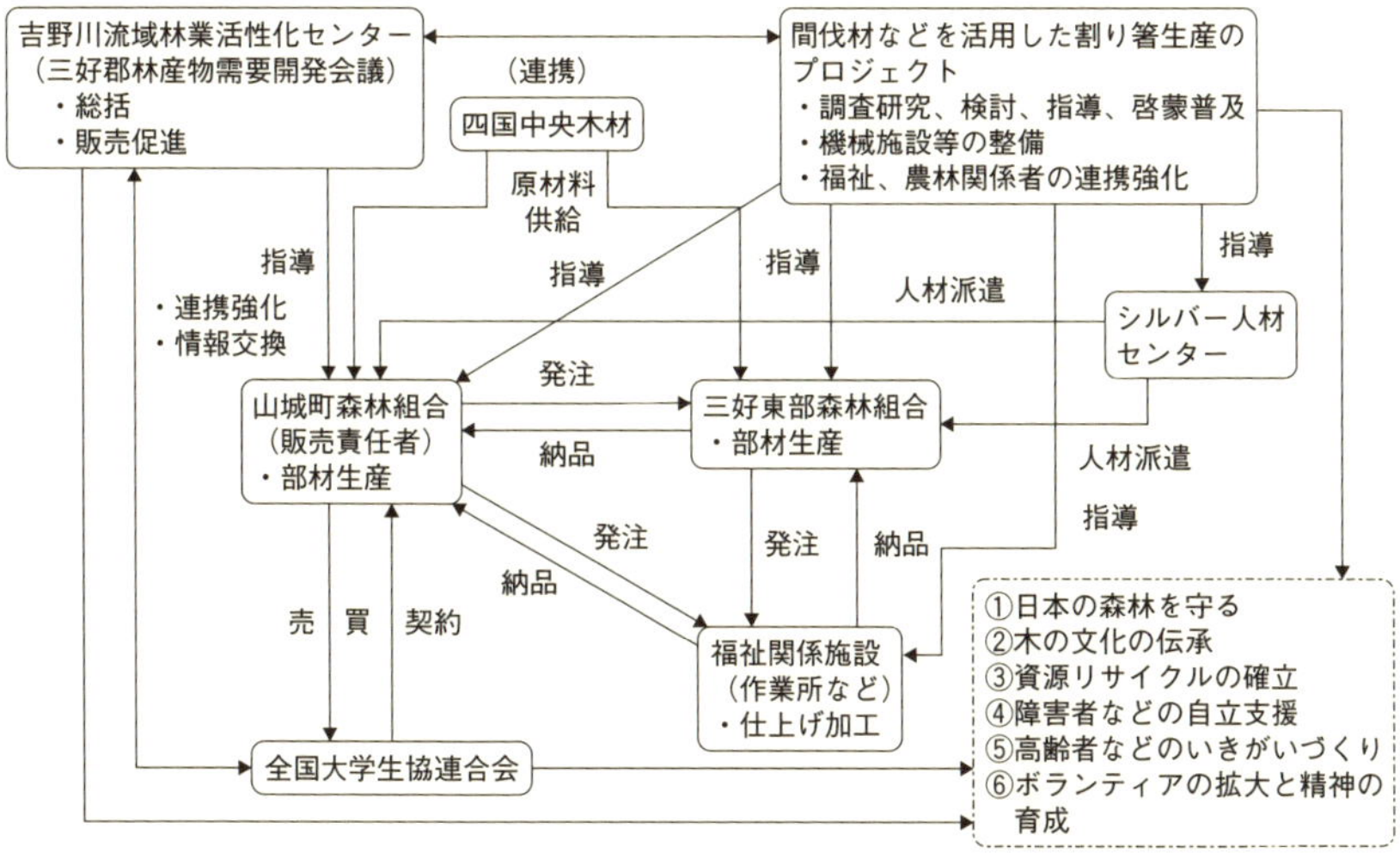

注：全国大学生協連合会以外は徳島県下の団体、組織

た。それを知って施設の職員たちは、障害者のためにも割り箸製造を始めようと決めたのです。このような経緯がありました。

●割り箸から考える地球環境問題

森林のためには、木材利用を節約して、森林資源は使わないほうがよいと、誤解している方々も多いのです。「日本の森林や環境のために木材を使いましょう」と林野庁などの宣伝があっても、理解できないことのようです。

そこで、毎日昼食を食べる大学食堂に割り箸があった場合、それも木目がはっきりしたスギやヒノキの針葉樹材の高級そうな箸があった場合、「なぜ？」と考えると思います。その「なぜ？」を契機として、日本の森林問題、間伐材の問題、地球温暖化と森林での二酸化炭素吸収、木材利用や森林バイオマス利用にまで、興味を持ってもらうとともに、日常生活でも木材利用を意識し、循環型社会を構築する一員であることを認識してほしいものです。

樹恩ネットワークの設立と取り組み

●廃校活用と阪神淡路大震災がきっかけ

ＪＵＯＮ　ＮＥＴＷＯＲＫは、都市と農山漁村の人々をネットワークで結ぶことにより、環境の保全改良、地方文化の発掘と普及、過疎過密の問題の解決に取り組み、自立・協助の志で新しい価値観と生活様式を創造していくことを目的として、１９９８年4月に、大学生協の呼びかけにより設立された特定非営利活動法人（ＮＰＯ法人）です。

設立のきっかけは、大学生協が過疎地域に住む人々と出会ったことです。一つは「廃校」を学生のセミナーハウスとして再活用したことを通してであり、もう一つは１９９５年の阪神淡路大震災における支援活動を通しての出会いでした。

今から20年あまり前に、早稲田大学生協が埼玉県神泉村（現・神川町）の廃校になった小学校を、学生のセミナーハウス（「コープビレッジ神泉」）として再生したことが、過疎地域の人々と出会う最初のきっかけでした（現在は営業停止）。

その後、１９９８年にも、大学生協が関係して2つの廃校を利用したセミナーハウスが新潟県佐渡島（「鳥越文庫」）、富山県利賀村（現・南砺市）（「スターフォレスト利賀」）にオープンしています。

現在では、ＪＵＯＮ　ＮＥＴＷＯＲＫ設立後の１９９９年に設立された「四万十楽舎」（高知県四万十市）、２００３年にオープンした「ラーニングアーバー横蔵」（岐阜県揖斐川町）とも連携しています。

阪神淡路大震災の際、学生の下宿も被災し、大学生協では仮設の学生寮を建設しました。このとき、兵庫県内5カ所のうちの一つ、芦屋のテニスコートに建てられた58棟の仮設学生寮は、徳島県三好郡（現・三好市）の林業関係者から提供していただいた間伐材製のミニハウスだったのです。

このような出会いに加え、もう一つ忘れてはなら

阪神淡路大震災の際に建設された仮設学生寮（兵庫県芦屋市）

廃校を活用したセミナーハウス「鳥越文庫」（新潟県佐渡市）

スギの伐採作業（徳島県三好市）

森林の楽校での下草刈り（埼玉県神川町）

ないのは、震災の折に駆けつけた学生をはじめとしたボランティアたちが残していった「場ときっかけさえあれば……」「仲間の幅広いネットワークさえあれば……」という言葉でした。

多くの尊いものが失われた悲しい出来事でしたが、他方では、ボランティア元年ともいわれた年でした。

これらを受けて、本当はボランティア活動や社会的な活動を行いたいと思っている若者たちのために、非常時だけでなく日常的にも活動を行える場として、また、大学生協の枠を超え、各地での活動を全国的なネットワークを通じて支援するために、ＪＵＯＮ ＮＥＴＷＯＲＫは誕生したのです。

●農山漁村と都市を結ぶ

ＪＵＯＮ ＮＥＴＷＯＲＫは、現在、森林保全活動に最も力を入れており、仮設学生寮建設のボランティア交流から始まった徳島の林業体験企画は、「森林環境教育プログラム『森林《もり》の楽校《がっこう》』」として、全国11カ所（秋田、群馬、埼玉、新潟、富山、岐阜、兵庫、香川、徳島、高知、長崎）での開催に広がりました（２００７年現在）。

東京では１９９９年から「森林ボランティア青年リーダー養成講座」を開催しています（２００７年から兵庫でも開催）。

そのほか、高齢化する農家のお手伝いを行う「援農ボランティア養成講座～ぶどう農園編～」（２００７年度は山梨）や、農山漁村と都市を結ぶ人材を育成する資格検定制度「エコサーバー」を実施しています。

これからも、「持続可能な社会を再構築するために、農山漁村と都市を結びながら森林・土・風土と私たちとのつながりを取り戻そう」を合い言葉に活動を続けていきます。

間伐材割り箸はコロンブスの卵!?

●未成熟材と成熟材

丸太から割り箸を切り出す場合は、まず円形の断面（木口《こぐち》面）の中心部分に正方形の柱を取り、次に残りの半円の部分から板を取り、そして残りの樹皮に近い部分を割り箸用にします。

直径が十分に大きい（30㎝以上の直径）木材であれば、樹皮の下の形成層の内側の数年輪ある辺材《へんざい》は（スギでは心材が赤いのに対し、辺材は白色）年輪幅が狭く、力に対して変形しにくく、強度も強いのですが、間伐材のように小径木の場合は弱い材です。

特に、樹心から15年輪程度以内の部分では、「未成熟材」と呼ばれる変形しやすい木材でできています。15年輪を超えて生長すると、今度は強固な「成熟材」と呼ばれる木材を形成します。

苗木や直径が小さい樹木では、風に対して幹がよくしなり、受け流すように揺れたほうが幹を損傷せずに生きぬくことができるからです。ところが、幹が太く生長すると、自重を支えるために強い強度が必要になります。また、風に対しては強固な幹によって変形しにくくなり、風に対して抵抗力を持つようになります。

これは成熟材の繊維（針葉樹では仮道管）の長さが、4㎜程度ありますが、未成熟材の場合は十分に伸長せずに短い長さのままだからです。また、仮道管の細胞壁はセルロースのミクロフィブリルと呼ばれる微細な繊維で螺旋《らせん》に巻かれていますが、未成熟材の場合は螺旋に巻かれた角度（ミクロフィブリル傾角、またはFRPなどの繊維強化複合材料用語ではフィラメントワインド角）が大きくバネのように変形しやすい構造をつくっているからです。

●間伐材を環境ブランドに

小径の間伐材は、ほとんどが未成熟材ですので、軟らかくもろく、木材をよく知る者にとってはこれで割り箸を生産することなど及びもつかないことです。したがって、現在でこそ間伐材割り箸の言葉は広く使われていますが、１９９８年当時に間伐材割り箸製造を計画していた頃は、まだ耳慣れない言葉でした。もちろん間伐材自体の知名度も低かった頃です。

かつて、間伐材は、工事現場の足場丸太や鉄鋼輸出の際のダンネージ（貨物船の船倉内の間仕切り、梱包材、緩衝材）として利用されていましたが、足場が金属パイプに変わり、鉄鋼輸出も振るわず、両方ともあまり利用されなくなってきたので、30年ほど前から木材研究者たちはそれに代わる間伐材の有効利用法の研究をし続けてきています。しかし、間伐材の利用法として開発された技術は、遺憾にも、コストが安く大量に供給される輸入材に置き換わってしまう結果になります。

そこで、輸入材に置き換わらないためには、間伐材または国産材でなければならない条件を明確にする必要があります。

そのため、「間伐材」自体を一つの環境ブランドとして消費者に選択してもらうことを考え、あえて「間伐材割り箸」を検討しました。

●生産・利用のシステムを構築

しかしながら、現在では中国産の安い広葉樹割り箸が広く使われており、吉野などの高級割り箸以外の国産の割り箸はなかなか売れません。北海道のトドマツ割り箸も生産をやめ、割り箸工場が閉鎖されていく時代でした。

国内での割り箸生産、しかも強度が低い間伐材で割り箸を作ることなど、木材関係者の間では言語道断でしたが、食堂排水など大学生協での環境問題意識の高まり、若い学生に日本の森林問題を考えてもらいたい森林組合の事情、障害者の自立を促す仕事づくりなどの目的がかみ合って、間伐材割り箸の生産と大学食堂での利用システムが構築できました。この利用システムは、木材関係者だけではできなかったコロンブスの卵といえましょう。

〔割り箸で間伐材の有効利用〕

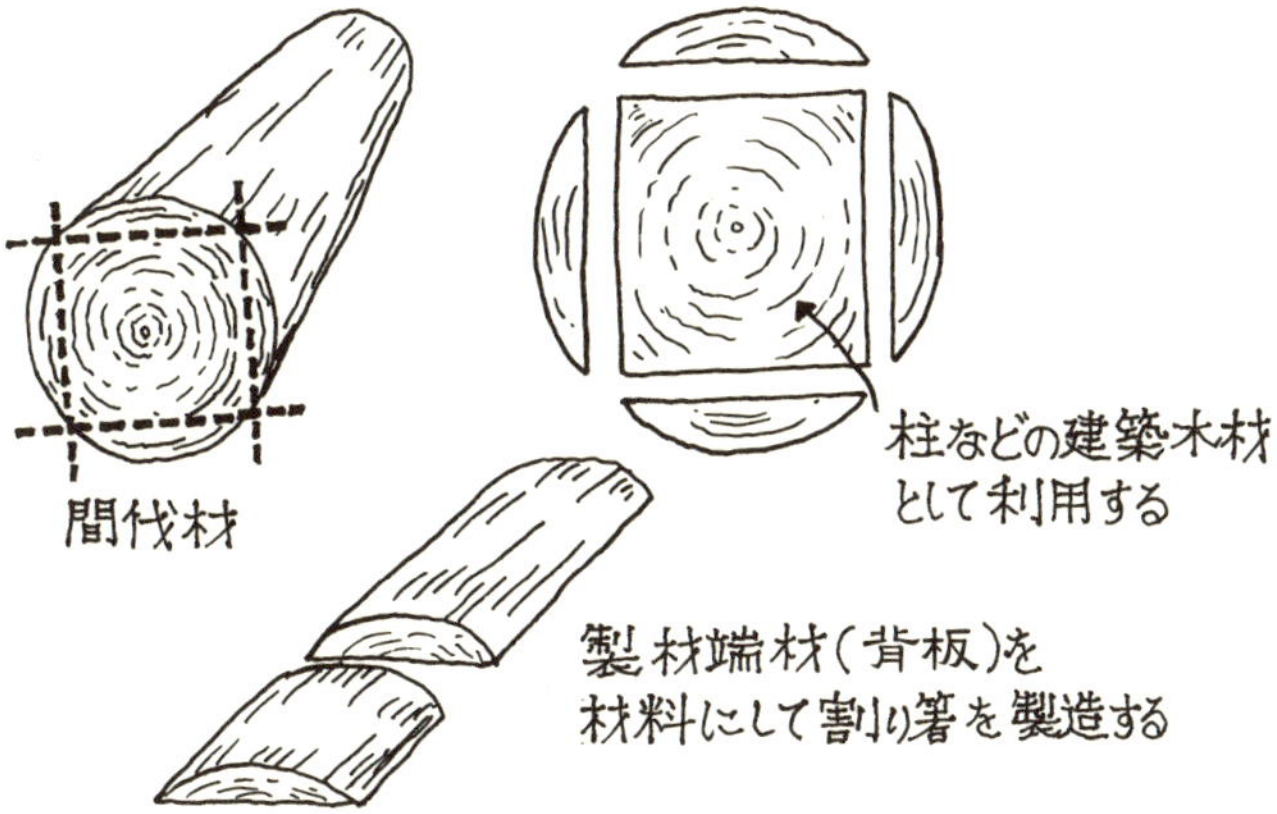

〔間伐が必要な理由〕

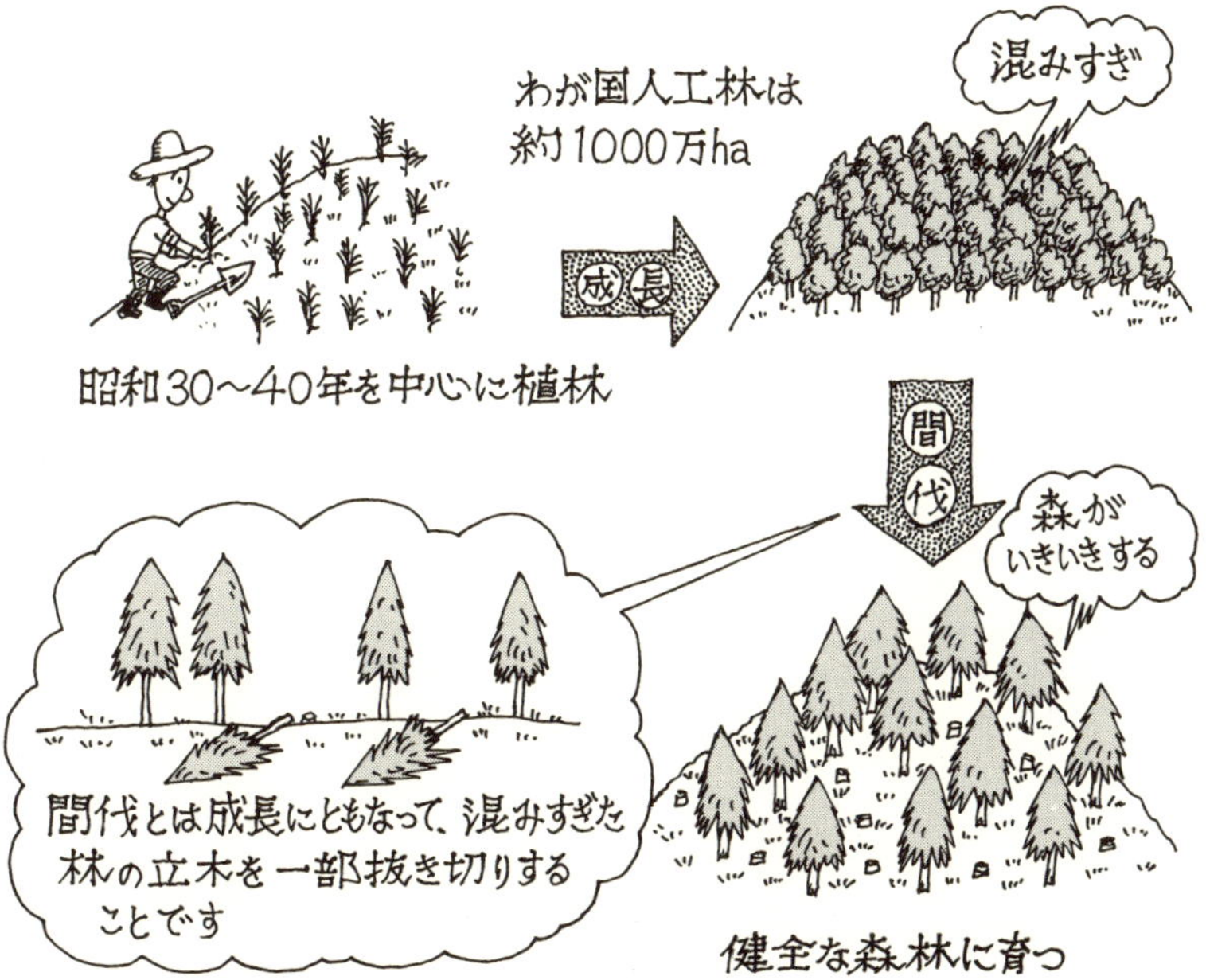

食堂のゼロエミッション化と間伐材割り箸

●環境に配慮した事業をアピール

樹恩の間伐材割り箸は、大学生協の環境活動とかかわって歩んできました。

１９９６年に、大学生協連（全国大学生活協同組合連合会）の環境マネジメント推進委員会では、「大学生協の環境に配慮した事業活動を組合員にアピールするためには、ＩＳＯ１４００１に規定された環境マネジメントシステムを構築し、その運用を第三者が審査して、認証取得を行うことが望ましい。ただし、各大学生協は規模がまちまちで、環境に関する取り組みについても力量に違いがあるので、可能な生協では、大学の認証取得に協力し、大学のサイト（大学の環境マネジメントの一つの部門）として参加する。また、大学生協が単独で認証取得することを勧め、少なくともすべての大学生協で独自の環境マネジメントを行うべきこと」を答申しました。

この答申では各大学生協の連帯組織である大学生協連や地域ごとの共同仕入れを行う事業連合が、それぞれ、認証取得する必要があることを謳っています。

それにより、１９９９年に大学生協連が認証を取得したのをはじめ、２００７年現在、東京・大阪・中四国・九州の各事業連合が認証を取得しました。また、信州大学をはじめ多くの大学での認証取得に大学生協がサイトとして参加しています。東京地域や九州地域では、複数の大学生協が協力して、共通する作業を統一化し、グループで認証取得を行っています。

●水質汚濁の負荷を減らすために

大学生協での環境マネジメントシステムの構築にあたり、ＩＳＯでも重要視されている法令順守の点で大きな問題を抱えていました。それは、大学生協食堂からの排水中のＣＯＤ値（化学的酸素要求量・

〔大学食堂と割り箸などをめぐる環境システム図〕

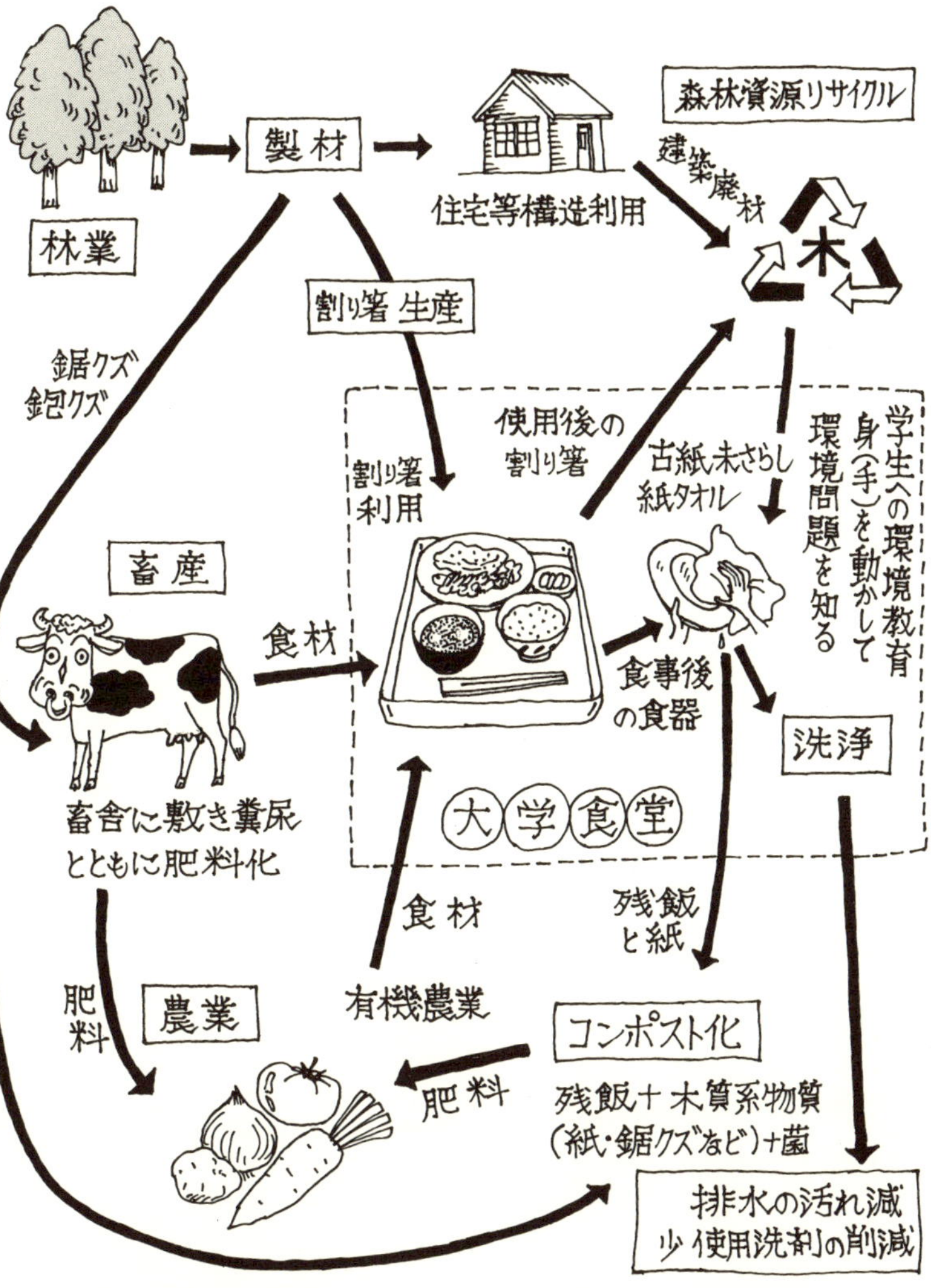

出典：『大学食堂のゼロエミッション化へのアプローチ』研究代表者
久野勝治（東京農工大学）、平成14年3月

有機物を化学的に分解するために必要な酸素の量。生物的に分解するために必要な酸素量をＢＯＤといい、同等の値）が条例の規制値をオーバーしていることでした。

かつては、私たちの河川・海を汚していたのは、公害と呼ばれる、工場などの産業からの排水でした。しかし、現在では、産業排水よりも私たちの生活からの家庭排水のほうが問題になっているのです。

東京都環境局水環境課の資料「とりもどそうわたしたちの川を海を」によると、東京都で1日に川や海に流されるＢＯＤは工場排水が0・6ｔであるのに対し、生活排水は19・4ｔになっています（1999年度）。そのうちのトイレの排水（し尿）を除いた生活雑排水では、調理や食器洗いなどの台所からの排水が40％を占めているのです。

そこで、各家庭の台所については、以下の3点が地方自治体や地域生協により指導されています。

①三角コーナーにろ紙を置く（ネットではなく、紙を使い、調理かすを流さない）。

②てんぷらなどの油の適正な処理（固めたり、吸わせたりして、油を絶対に流さない）。

③汚れたなべ・食器についた汚れを拭き取った後に洗う。

この3つを行うことで、水の汚れ、特にＢＯＤを80％減らすことができ、東京では中規模の下水処理場一つ分の水質浄化の負荷を減らすことができます。また、使用する水も30％削減できます。

東京大学生協の本郷キャンパス第二食堂では、1日の食堂排水を貯水槽に一時的にためておいて翌日に上澄み液を排水する施設を用いて、浄化処理を行っています。

しかしながら、この方法には、設備費・ランニングコストがかかること、利用者数がより多い中央食堂（安田講堂下の大食堂）では、貯水槽の容量が大きすぎて施設をつくることができない、などの問題点があります。また、規模の小さな大学の生協食堂では、このような施設をつくることは不可能です。

したがって、大学生協食堂においても、家庭と同様に食器の拭き取りや残飯の適切な分別により、食堂排水を浄化することが考えられました。

●森林資源リサイクルをめざして

食器の拭き取りに紙を利用する場合は、森林資源を使用することになり、利用者に森林資源についても理解してもらう必要があります。

主伐、間伐を行い、林業を維持（徳島県三好市）

そこで、大学生協食堂で間伐材割り箸を利用し、私たちの抱える日本の森林の問題や森林資源リサイクル、生ごみコンポスト化などを総合的に食堂利用者が学習することを含め、森林資源の循環を利用した「大学食堂のゼロエミッション化へのアプローチ」の検討を行いました。

この研究は東京農工大学農学部の４名の教員（代表者は環境毒性専門で当時、農工大生協理事長の久野勝治教授、当時、附属農場長の塩谷哲夫元教授、セルロース化学や製紙が専門の佐渡篤元教授、木材材料学が専門の佐藤敬一准教授）による共同研究で、１９９８～２０００年の３年間で１２６０万円の科学研究費補助金（基盤研究（Ｂ））を受けました。

この研究の進行と、ＪＵＯＮ　ＮＥＴＷＯＲＫの設立とが相まって、大学生協連では、徳島県・山城町森林組合で間伐材割り箸を製造し、各大学の食堂で利用することが計画され、そして間伐材割り箸の製造と販売はＪＵＯＮ　ＮＥＴＷＯＲＫの主な活動の一つとして位置づけられたのです。

割り箸製造を障害者と支え合う仕事として

●障害者の仕事づくり

　樹恩割り箸の構想が出た頃、現地の徳島では、障害者の働く場が少なく、知的障害者の仕事づくりとして割り箸を作れないだろうか、という話が持ち上がりました。

　当時の徳島県池田福祉事務所管内には、福祉的就労の場である授産施設はなく、２００人以上の在宅の知的障害者がいました。交通機関の乏しい中山間地域の在宅の障害者は、働く場所や外出できる場所も少なく、狭い環境の中で日々暮らしています。

　働く場所が必要でしたが、適切な条件が整わなくては作業所を開くことは困難です。その上、知的障害者の給料は、徳島では当時月平均８７００円でした（全国平均は２０００年の全国社会就労センター協議会「社会就労センター実態調査」によると1万２０００円）。

　関係者の熱意で、最終的な加工を、知的障害者が暮らす「社会福祉法人　池田博愛会箸蔵《はしくら》山荘」で行うことになりました。

　この仕事に最も関心を持ったのは障害者自身です。特に不況ゆえに就労の場をなくした地域の障害者が加わってからは、製造量が増えました。ややもすれば支援してもらうことの多い障害者ですが、森林保全に貢献することに誇りを持ったのです。

　なお、「箸蔵」という名は偶然ですが、地元にある「箸蔵寺《はしくらじ》」に由来しています。箸蔵寺は８２８年に弘法大師が開いたお寺で、お箸を使う日本人すべてを救済するために建立されたそうです。毎年8月4日（箸の日）には、全国から料理人などが集まり、箸供養が行われています。創建の古事にならい、山頂の五大力尊前の道場で柴灯《さいとう》護摩に点火して諸願成就を祈念し、あわせて使用済みの古い箸を火中に投じて感謝の供養をするものです。

　ここで割り箸製造が始まったのは、偶然ではなく必然だったのかもしれません。

●広がる割り箸製造

約3年間、割り箸の最終加工を箸蔵山荘で行ってきました。その後、池田博愛会は知的障害者の働く場（通所授産施設）として「セルプ箸蔵」を開設します。2001年5月から併設の割り箸工場で本格的に樹恩割り箸の製造、販売を始めました。地域の知的障害者40名あまりの方々が働き、給料も全国平均を超えています。

そして、徳島だけでは製造量が限界に近づいたため、2003年からは埼玉の「社会福祉法人 埼玉県ブルーバードホーム江南愛の家」でも製造を開始しました。また、2007年には群馬の「社会福祉法人 三和会エルシーヌ藤ヶ丘」での製造も開始します。

吉野川の渓谷を取り巻く山々が連なる（徳島県三好市）

割り箸の製造工場「セルプ箸蔵」がある博愛の里（徳島県三好市）

毎年8月4日を箸の日として、箸供養を行う（箸蔵寺＝徳島県三好市）

三方一両損で始めた割り箸を本格的に製造、販売

●価格が高いけれど

１９９８年４月のＪＵＯＮ　ＮＥＴＷＯＲＫ設立に前後して、樹恩割り箸の製造も始まりました。東京農工大学生協と早稲田大学生協の２つの大学生協で実験的に使用した後、９月より本格的に大学生協において樹恩割り箸が登場したのです。

樹恩割り箸の特徴は、「折れやすい」ことと「価格が高い」こと。当時、一般的な輸入割り箸は１膳が０・５～１円だったのに対し、樹恩割り箸は裸箸で２・13円、袋に入った完封箸で２・84円でした。

●森林組合、大学生協、ＪＵＯＮの三方一両損

製造を徳島県・山城町森林組合と箸蔵山荘、販売を山城町森林組合、普及推進を大学生協連（全国大学生活協同組合連合会）とＪＵＯＮ　ＮＥＴＷＯＲＫが担うという役割分担です。

当初の製造体制は、山城町森林組合３カ所、箸蔵山荘１カ所の計４カ所を経由する必要がありました。製造拠点が分かれていたこともありますが、輸入割り箸に比べ当然コストが高いため、割り箸１膳につき、ＪＵＯＮ　ＮＥＴＷＯＲＫが０・５円のコスト負担をすることになりました。使用が増えれば増えるほど赤字になるという無理のある構造だったのです。森林組合にしても、とても儲かる仕事ではなく、大学生協もずいぶんとコストアップになりました。この製造体制は開始より約３年間続きます。

その頃、たまたま廃業することを決めていた香川県の割り箸業者から製造機械を譲り受けられることになり、障害者施設でほぼ全面的に製造を行うことにしました。社会福祉法人池田博愛会は、行政からの支援も受け、知的障害者が通う施設「セルプ箸蔵」をつくり、２００１年５月から併設の割り箸工場で本格的に樹恩割り箸の製造、販売を始めたのです。

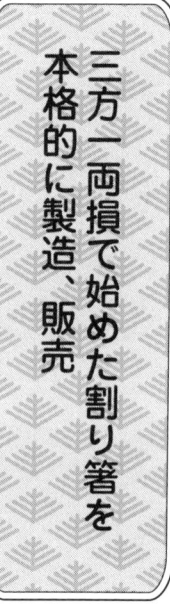

第2章

日本独自の食器・割り箸の推移と現在

割り箸の歩み・種類と食文化・木文化

●箸の発祥と種類

地球上の食事方法は、手食《てしょく》（中近東、アフリカ、南アジアなど）、箸食（日本、中国、韓国などの東アジア、ベトナムなど）、ナイフ・フォーク・スプーン食（ヨーロッパ、南北アメリカ、ロシアなど）の3つに大別され、それぞれ順に40%、30%、30%の割合になるそうです。

さて、箸食の箸の語源は「橋（食べ物と口を結ぶ橋の意）」「間（二本の間に挟む意）」、「端（昔の箸は木や竹を折り曲げて使っていて、その端と端の意）」「嘴《はし》（鳥の嘴《くちばし》の意）」「柱（神や霊魂の宿る柱の意）」などが考えられますが、箸の起源は、紀元前15世紀の中国・殷《いん》王朝時代といわれています。祖先の霊や神に食物を供する青銅製の「礼器」でした。

また、日本での箸の始まりは、7世紀後半、飛鳥時代の「檜の箸」が最も古いとされています。日本で初めて、新しい箸食制度を朝廷の饗宴儀式で採用したのは、聖徳太子だそうです。

また、日本の箸の種類としては、塗り箸、竹箸、そして、割り箸があります。塗り箸は、若狭塗や輪島塗など、木や竹などに漆や合成樹脂を塗ったものです。竹箸は、割り箸が多いのですが、丸箸や菜箸、懐石箸などがあります。

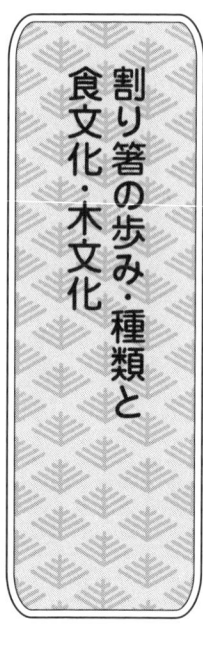

●割り箸の登場と種類

箸自体は中国、韓国、台湾、ベトナムなど東アジアで広く使われていますが、割り箸は日本人の発明のようです。

起源については諸説あるのですが、江戸時代の半ばといわれています。江戸時代後期の文化文政年間には、「二八そば屋」などの飲食店が増え、そのことを背景に割り箸の利用も増えたようです。ただ、この時に使われていた割り箸は「引裂箸《ひきさきばし》」といわれる竹製のものであったようで、現在使われているも

箸勝本店入口を入った所にかけられた「東京衛生箸製造組合」（現、東京箸業組合）の表札板

スギ（左）とヒノキを材料にした割り箸見本（箸勝本店）

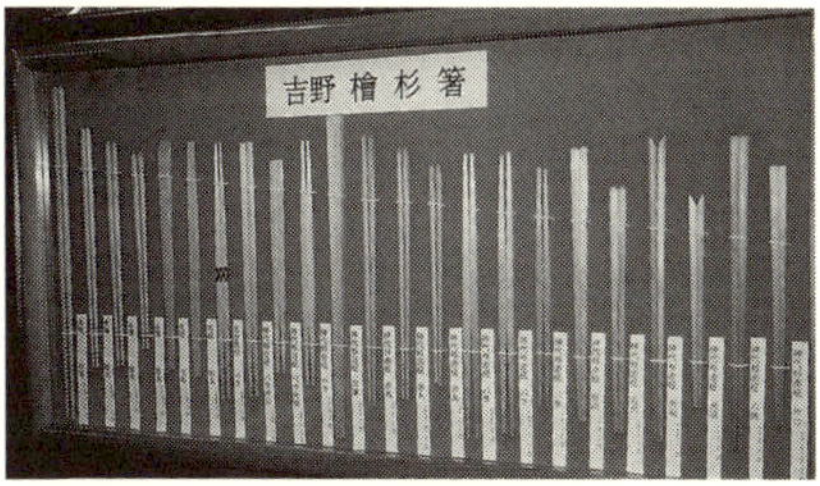

額におさめられた割り箸商品見本。名称、材質などが示されている（箸勝本店）

のと同じような割り箸は１８７７年（明治10年）に生まれました。奈良県吉野郡下市町で寺子屋の先生をしていた島本忠雄という人が、樽《たる》材として使われていた吉野スギの端材を有効活用しようと考案したそうです。

　割り箸には、材料、形状、用途などから１００以上の種類があるとのこと。日頃、なにげなく使っている割り箸ですが、その一膳一膳に種々の用途、意味合いがあるのです。普及品として親しまれている種類に丁六《ちょうろく》、小判、元禄、利久、天削《てんそげ》、竹割り箸などがあります。

丁六：割り箸の頭部が長方形のもので、角を取り、割れ目に溝をつける加工が施されていない質素なもの。コンビニ弁当などについている。丁六の価格は最も安い。

小判：割り箸の４つの角を取り、割れ目の入れられたもの。頭部の形が小判に似ていることから名づけられたが、質素で庶民的な箸といえよう。

元禄：割り箸の４つの角を削ってなめらかにし、割れ目に溝をつけ割りやすく加工した箸。

利久：中央を太くし、両端を細く削って面を取った左右対称形の両口箸。安土桃山時代の茶人である千利休によって考案された形態。利久が初めから割れているものを**らんちゅう**、もしくは**バラ利久**と呼ぶ。

天削：頭部が鋭角にカットされ、ちょうど天（頭）が削《そ》がれているように見えるところから天削と命名。先端部に、先細加工や角取り、溝付けの加工が施されている。

●割り箸の特長

割り箸の特長とは何でしょうか。本田總一郎著の『箸の本』によれば、清潔性、鑑賞性、一回性、割裂性、機能性の5つが挙げられています。

清潔性：割れていない箸は清潔感があります。日本人に肝炎が少ないのは、割り箸を使っているからとの説があります。

鑑賞性：日本の料理は盛りつけの美しさにもこだわりますが、美しい木目はそれに似合います。

一回性：割り箸の使用は基本的に1回だけです。毎回新しい箸を使うこと自体ごちそうです。

割裂性：スギ・ヒノキや竹などは縦に裂けやすく、その性質があったからこそ割る箸が生まれたといえます。

機能性：箸を洗う手間や水を汚すことを考えれば便利で水を汚しません。

●有効活用から生まれる

割り箸は、そもそも木の文化を持つ日本人ならではの面目躍如の食器といえるでしょう。元々は樽材として使った吉野スギの余った端材を有効に活用することから生まれたものです。それが今では「使い捨てでももったいない」と、逆のようにいわれることも多くなりました。

日本はそもそも割り箸を生み出した箸の文化の国です。箸に実に多彩な機能を持たせ、器用に扱ってきたともいえます。

そのため、箸使いに関するマナー、タブーの言葉がたくさんあります。さて、次の箸に関する言葉をいくつくらい知っていますか？

〔割り箸（業務用）普及品いろいろ〕

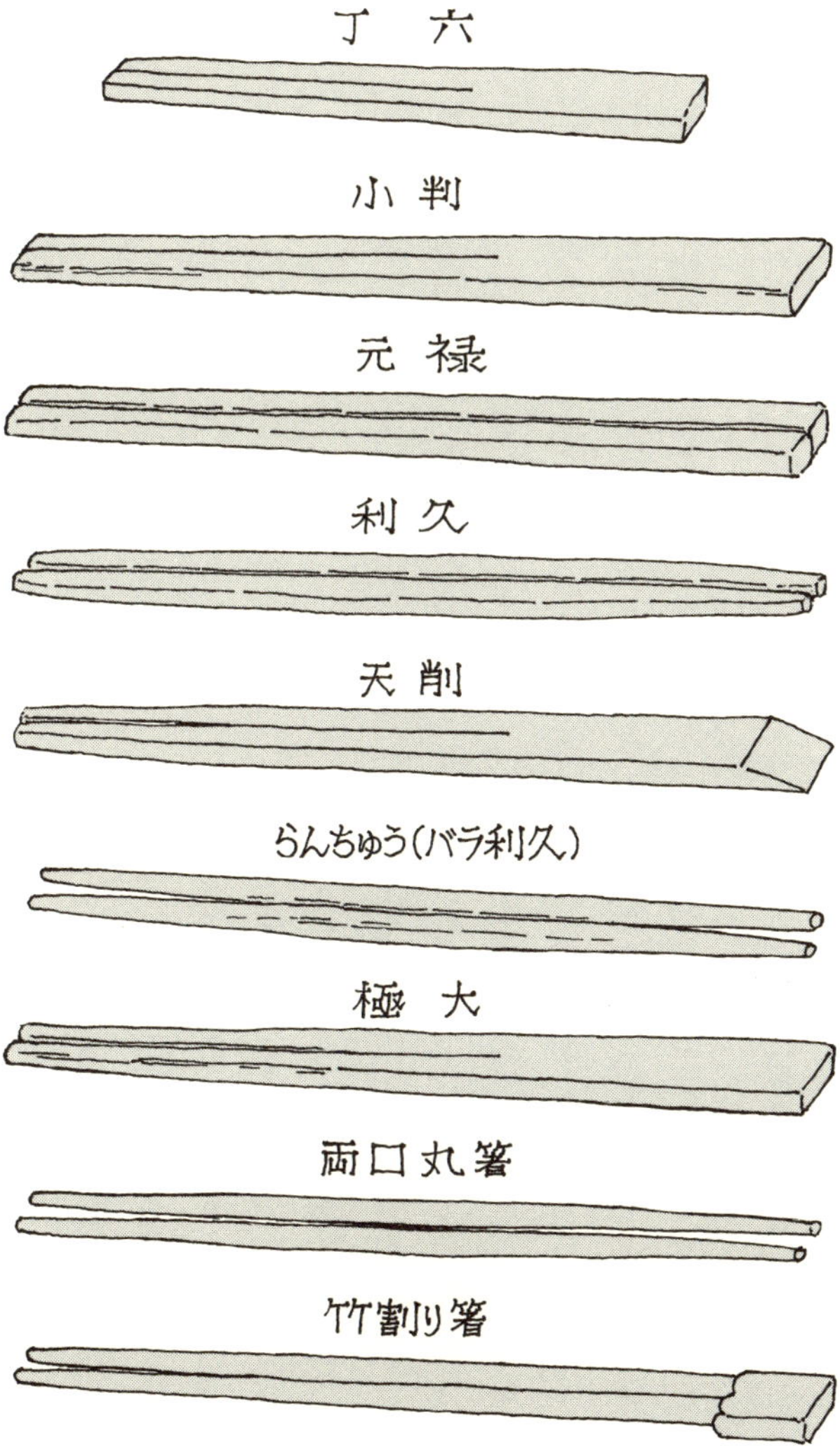

資料協力：箸勝本店

握り箸、拝み箸、横箸、刺し箸、指し箸、持ち箸、受け箸、空《そら》箸、迷い箸、涙箸、立て箸（仏箸）、叩き箸、寄せ箸、探り箸、もぎ箸、くわえ箸、掻き箸、噛み箸、渡し箸、洗い箸、直箸、込み箸、せせり箸、すかし箸、舐《ねぶ》り箸。

＊各種の割り箸を扱っている老舗・箸勝本店（東京都千代田区外神田）のホームページ（90ページ）などで用語が解説されています。

割り箸利用の移り変わりと需給をめぐって

●増え続ける割り箸

現在使っているものと同じような割り箸が登場したのは、１８７７年（明治10年）であるといわれていますが、第二次大戦中の１９４２年（昭和17年）の推計では、42億膳の割り箸が製造されています。その後、戦中戦後には使用数が落ち込みましたが、１９６０年（昭和35年）には43億膳となり、戦前の生産数を上回りました。

そして、高度経済成長とともに割り箸の使用は増え続け、10年後の１９７０年には94億膳と約2倍の数を使うようになったのです。

さらに、１９８３年には２００億膳となり、約10年間で約2倍となっています。これは、１９６０年代後半から１９７０年代半ばにかけて、持ち帰り寿司店、ファミリーレストラン、コンビニエンスストア、持ち帰り弁当店が生まれ、全国各地に広がっていったことと無関係ではないと思われます。外食の機会が多くなり、割り箸を利用する機会も増えたのでしょう。ちなみに、１９８３年の割り箸輸入量は全生産数に対して20％弱でした。

１９８７年には２０５億膳、そして、現在とほぼ同じと言ってよい２５０億膳に近づいたのは、２４１億膳となった１９８９年です。時はまさに、バブル景気のまっただ中。これ以降は、年により増減を繰り返していますが、しかし、全体としては右肩上がりに増え続けています。２００５年には、２５９億膳の割り箸が生産・輸入されました。

●最近の中国産割り箸事情

図のように国内に出回る割り箸のうち98％は安価な輸入割り箸で、そのうち99％以上が中国産です。その中国産の割り箸が「危機」に陥っています。

２００５年12月から中国産の割り箸価格は30％値上がりしました。木材の値上がり、原油の値上がり

図　割り箸の供給実態（2006年）

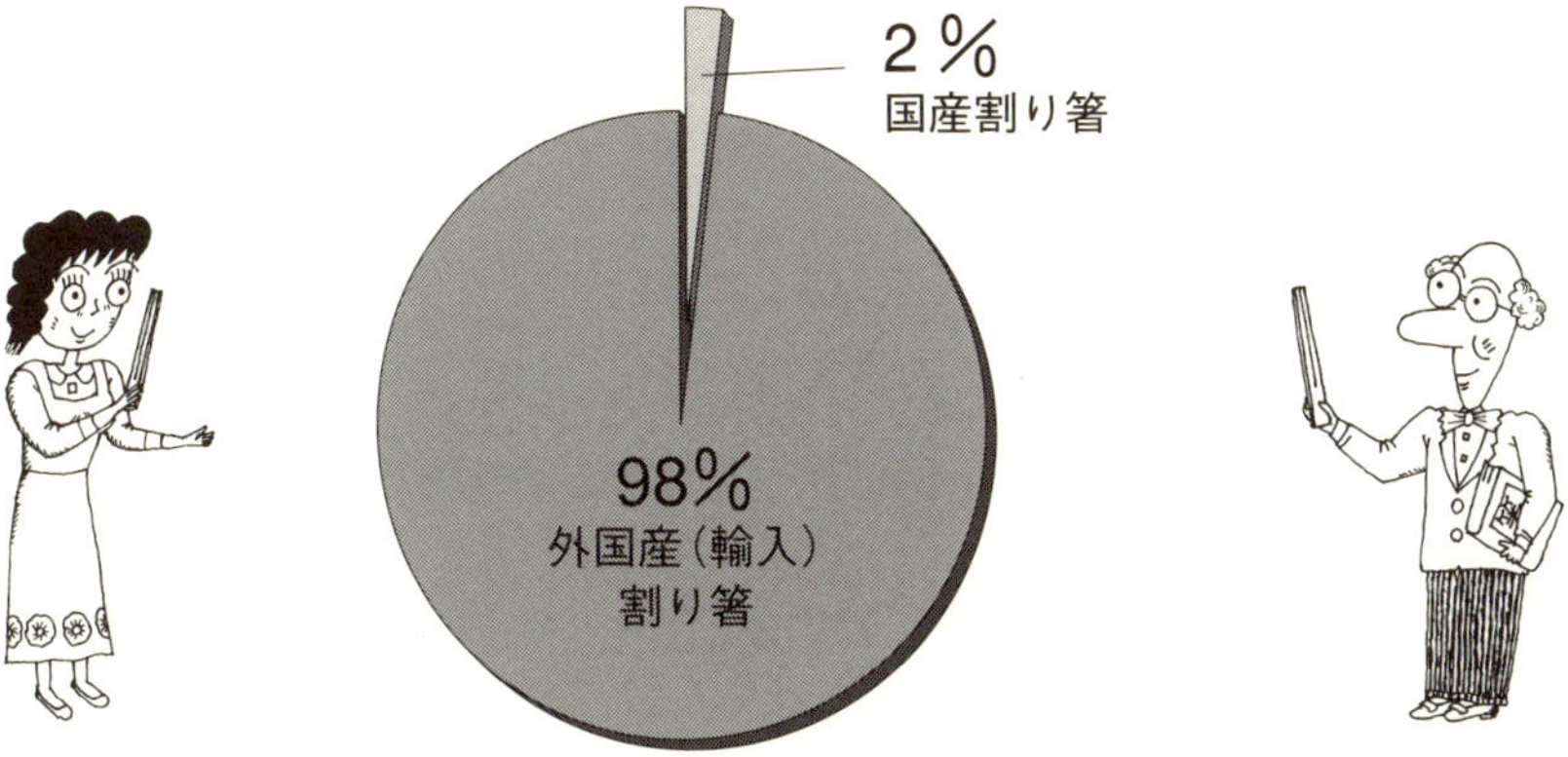

日本で使われている割り箸のほとんどは、中国を中心とした外国から輸入されたものである。輸入したほうが、現在の日本で使われるさまざまな商品同様、安価ということからである。ちなみに、2007年現在の樹恩割り箸１膳の価格（税込）は、裸箸2.184円、完封箸2.912円。

によるコスト増などが理由です。２００６年4月にはぜいたく品として5％の消費税が適用され、また、11月には10％の暫定的輸出関税がかかることになりました。これは減り続ける中国の森林資源を保護することが理由だと考えられます。全国人民代表大会では、環境保護の姿勢が強く打ち出されました。

わが国の１００円ショップでは、80膳入り１００円だった割り箸が50膳入りになるということも起こっています。

このように中国産割り箸の供給は今後厳しくなることが予想されますが、「いずれ輸出をストップする」ということもいっており、単に価格に反映させればよいという話ではなくなると思われます。

国産の割り箸にとっては、これを追い風にしたいところですが、安い中国産に押されて廃業した業者が多く、すでに国内の割り箸産業は壊滅的となっています。とても現状数には対応ができませんし、一般的な価格は中国産の3倍程度ということもあり、価格差が縮まったとはいえ、まだまだ割高です。さらには、建築用材としての国産材の利用がされない中、原料となる端材の確保も課題となります。また、商社などではすでに東南アジアやロシアでの製造を検討しているようです。

●割り箸をめぐる新しい動き

ところで、国産の割り箸は2％程度の5億膳弱しか使われていません。日本の森林を守るためにも、国産割り箸の利用を進めたいものです。現在でも数は少なくなりましたが、北海道や奈良などで昔からの割り箸業者が製造を続けています。北海道下川町の下川製箸では、環境に配慮した森林管理を認証する第三者機関、FSC（Forest Stewardship Council＝森林管理協議会。本部ドイツ）認証割り箸を製造しています（69ページ参照）。

最近では、NPO法人エコメディア・ファンデーションが行う「アドバシ（Advertisement＋Hashi：広告＋箸）」があり、箸袋に広告を掲載することで、価格差を埋めるという取り組みがなされています。また、コンビニエンスストアのミニストップでは、国産材利用の大切さを訴えながら、国産割り箸を5円で販売しています。

樹恩割り箸は現在900万膳を製造していますが、これは国産割り箸の中では2％弱の製造となっています。今後、日本の森林を守るためにも、樹恩割り箸の製造を拡大していく必要があると考えていますが、現在の割り箸使用数はあまりにも多いように感じられます。塗り箸や〝マイ箸〟と併せて使うことも必要ではないでしょうか。

箸袋に広告を掲載。アドバシは「地球をよくするエコメディア」を打ち出している

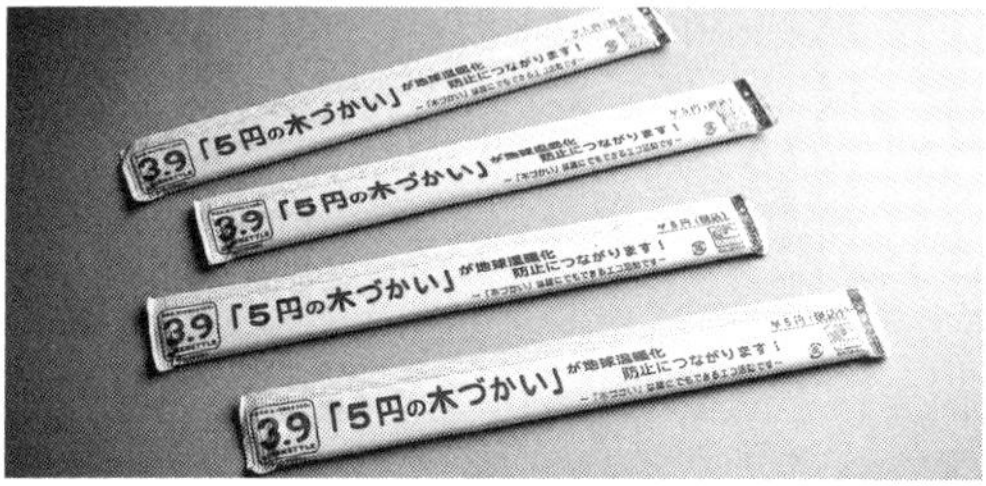

「木づかい運動」を応援することをうたっているミニストップの割り箸

輸入割り箸は今後も増え続けるのか

●輸入量も増加の一途

１９８３年（昭和58年）の輸入割り箸の割合は20%弱でしたが、その後、輸入率は一挙に高まり、4年後の１９８７年には39%、そしてついに１９８９年には、割り箸生産量２４１億膳のうち海外からの輸入量は１２７億膳で、5割を超えたのです。

そして、この時から毎年輸入量は例外なく増え続け、１９９０年55%、１９９１年63%、１９９２年73%、１９９３年81%と、この時期は毎年大きく上昇していきます。

１９９４年には86%となり、１９９５年にはついに9割を超えました。後は、毎年微増して、２００５年には、総生産数の２５９億膳のうち98%が輸入割り箸という状況にまでなります。

ちなみに、国産の割り箸の原料として、外材が使われる場合もありますが、統計では外材は１９８７年は33%で、１９９３年から２００４年は10%から20%前後となっています。ただし、２００５年は５%程度でした。

●中国の独占市場になったが

輸入量が増え続ける中で、地域別の輸入割合は大きく変わっていきます。１９８３年には、東南アジアが約50%を占め、次いで中国27%、韓国23%でした。

しかし、１９８７年には、東南アジアと中国の輸入量が逆転します。中国が54%で、東南アジアが32%です。その後は中国の一人勝ち。安価な人件費を背景に、どんどん中国産が増えていきます。１９９４年には83%と8割を超え、翌１９９５年には9割を越えました。

そして、２００５年は98%の輸入割り箸のうちの99%以上が中国からやって来たのです。中国産でも原料がロシア等から入っている場合もありますが、それにしても、日本の割り箸の97%は中国産という

輸入量の推移

（単位：1,000ケース）

平成12年（2000年）	平成13年（2001年）	平成14年（2002年）	平成15年（2003年）	平成16年（2004年）	平成17年（2005年）
185	158	152	125	119	94
153	133	128	106	92	89
32	25	24	19	27	5
4,846	4,806	4,977	4,962	4,841	5,081
5,031	4,964	5,129	5,087	4,960	5,175

国内	4.7憶膳
輸入	254.1憶膳
計	258.8憶膳
国内	1.8%
輸入	98.2%

および輸入量

（単位：1,000ケース）

平成12年（2000年）	平成13年（2001年）	平成14年（2002年）	平成15年（2003年）	平成16年（2004年）	平成17年（2005年）
4,733	4,726	4,925	4,932	4,818	5,067
0	1	2	2	0	0
1	0				
94	61	28	11	8	9
91	59	22	6	3	2
		1			
3	2	5	5	5	7
		0		0	
1	0	2			
15	12	11	7	8	6
2	6	9	10	7	0
4,846	4,806	4,977	4,962	4,841	5,081

表1　割り箸の国内生産量と

区分	平成7年 （1995年）	平成8年 （1996年）	平成9年 （1997年）	平成10年 （1998年）	平成11年 （1999年）
生 産 量	493	423	380	295	242
国産材	436	347	302	256	204
外材	57	76	78	39	38
輸 入 量	4,502	4,694	4,528	4,606	4,852
計	4,995	5,117	4,908	4,901	5,094

資料：①　生産量は林野庁木材課調べ（各都道府県の林産担当者の調査では推計値を含む集計値）
　　　②　輸入量は財務省「日本貿易統計」（HS4419.00-000）
注：①　1ケースは5,000膳入り換算
　　②　輸入量については四捨五入の関係で計とは一致しない場合がある

表2　主な輸入相手国、

国名	平成7年 （1995年）	平成8年 （1996年）	平成9年 （1997年）	平成10年 （1998年）	平成11年 （1999年）
中　　国	4,100	4,386	4,337	4,445	4,693
韓　　国	3	0	0		1
香　　港	11	8	2	0	0
東南アジア	365	267	160	135	127
（インドネシア）	328	242	149	128	123
（フィリピン）	15	8	4	3	0
（タイなど）	22	17	7	4	4
カ ナ ダ	4	1			0
ア メ リ カ	0	0	1	0	0
南アフリカ					
チ　リ	16	31	26	20	19
そ の 他	3	1	2	6	12
計	4,502	4,694	4,528	4,606	4,852

ことになります。

さて、２００５年から始まった中国産割り箸の値上がりは前述のとおりですが、それを受けた２００６年の結果はどうだったのでしょうか？　前年と比べると多少輸入量は減っていますが、やはり中国が相変わらず一人勝ちの99％という結果でした。あるコンビニエンスストアの割り箸が順次竹の割り箸に変わっているように、木製から竹製に変わったことが理由として挙げられるかもしれません。

ただ、気になるのは、率としてはまだ１％未満なのですが、ベトナムからの輸入量が約4倍に増えてきています。そのほかにも、これまで輸入のなかったロシアからも輸入されるようになりました。

最近、中国から入ってくる割り箸の残留漂白剤や化学物質の問題が指摘されています。外国から輸入する場合は、運送に時間がかかることや気候の違いなどから、防腐処理されやすいのでしょう。安全性の面からも国産の方がよいと思うのですが、経済性が優先される現在ではなかなか難しいようです。

割り箸の原料となるシラカバ、シナノキ、アスペンなどを製材（中国）

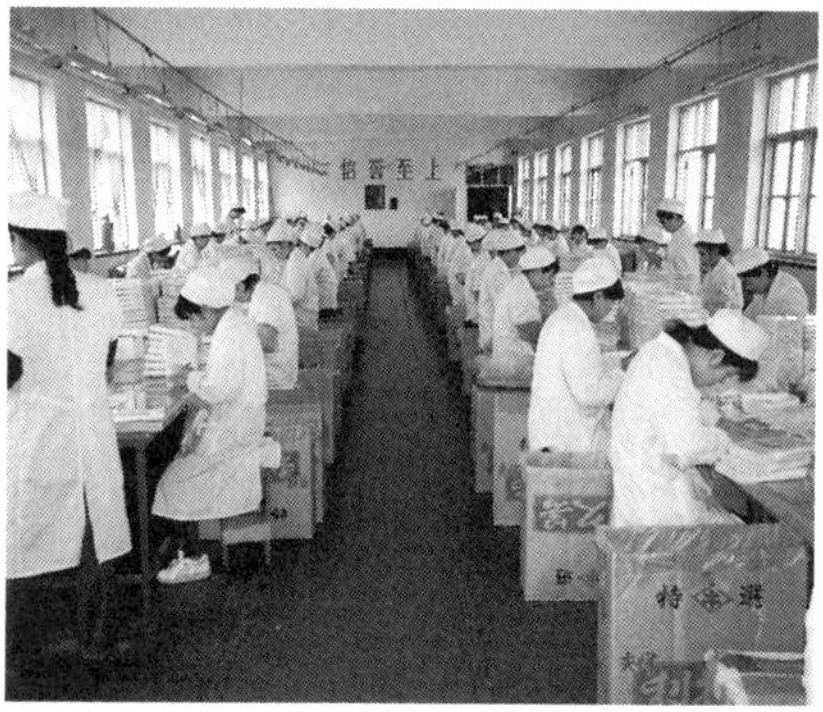

割り箸製造工場における作業（中国）

選別後、割り箸を所定の袋に詰める（中国）

第3章

樹恩割り箸の製造と利用・リサイクル

樹恩割り箸の原材料を調達する

●間伐・搬出

人が利用するために木を育てる人工林は、「木の畑」といえます。畑ですから、収穫物である良い木材を育てるためには手入れが必要になってきます。その手入れの一つが間伐です（21ページの下図参照）。

およそ10年周期で立木を間引いていきます。植林してから50〜60年後に行う主伐の際、立木の数は3分の1〜6分の1になるのが標準的な方法で、森林所有者や森林組合、企業等の林業従事者が間伐作業を行います。この間伐された木が間伐材で、利用可能な間伐材が搬出されます。それ以外の枝や小さな材は、林の中に残され、自然によって分解されます。

搬出方法は山の場所や傾斜などによって異なりますが、架線を張って出したり、ウィンチで引っ張ったりする方法があります。最近では高性能林業機械を使う場合も多くなっています。

搬出された丸太は、ある一定の長さに切られ（玉切り）、原木市場や製材工場などに運搬されます。

●端材を天然乾燥

製材工場に持ち込まれた主伐材や間伐材は、主に板や柱として製材されます。原木と比べた製品の歩留まりは60〜70％で、製品にならない端材《はざい》（背板）が残ります。

端材とは、木の断面が円になる方向から見た場合、四角く製材する際に4つ残る半月状の部分のことです（21ページの上図参照）。この端材が、割り箸の原材料となります。これまでは焼却処分されることが多く、いってみれば捨てる部分を有効活用しているわけです。

端材は積み上げられて天然乾燥されます。乾燥された端材を、「セルプ箸蔵」や「江南愛の家」の職員がトラックでやって来て、買って帰っていくのです。

間伐作業を行い、森林を適切に維持する（兵庫県篠山市）

集成材工場の前に積まれたスギの間伐材と集成材用板（ラミナ）

樹恩割り箸の製造 ～皮むきから選別・箱詰めまで～

●割り箸の主な製法

昔はすべて手作業だった割り箸の製造ですが、現在では機械化されています。非常にたくさんのパターンの製造方法がありますが、大きく分けると２つの方法があります。

一つは伝統的な製法の流れをくむ、端材を使う方式で、主にスギやヒノキなどの針葉樹が原料の場合の作り方です。端材をもとにスライスしたり、ピース（小片）にしたりして、割り箸を作っていきます。樹恩割り箸もこの製法です。

もう一つの方法は、かつらむき方式とも言えるロータリー式です。大根のかつらむきのように、木を回転させ、帯状に薄く削《そ》いでいきます。この薄く削がれた木を細く切断して割り箸を作っていくのです。

◆元禄割り箸を製造する

２００１年から製造を開始した「セルプ箸蔵」（徳島県三好市）では、次のような15工程で割り箸（種類は元禄。31ページ）が製造されます。なお、製造工程で出る木屑はパーティクルボード（52～54ページ）の工場に持ち込んでいます。また、樹皮はチッパーで細かくされ、植え込みなどにまくことで、雑草が生えることを防止しています。

1 皮むき

背板（端材）の樹皮をむく

2 製材①

帯鋸を利用して背板を15㎝の幅に切る

3 製材②

丸鋸を用いて背板を箸の長さに揃えて切る

4 カンナがけ

製材後の背板の板面をプレナー（カンナ盤）を用いてカンナがけする

5 カゴ詰め

加工した背板をカゴに丁寧に詰める

6　蒸し

背板を入れたカゴを食器用高圧釜に入れて、蒸気で蒸す（殺菌と、加工しやすいようにする）

セルプ箸蔵の割り箸工場（徳島県三好市）

7　スライス裁断

蒸し作業後の背板を箸の厚さに裁断する

8　プレス裁断

スライス作業後の板を箸の形に裁断する（ベルトコンベア上で不良品を取り除く）

9　乾燥

プレス作業後の箸を乾燥させる

10　選別

乾燥後の箸から不良品を取り除く

11　面取り

選別した箸の四隅と中溝の面を取る

12　磨き

面取り作業後の箸の表面をなめらかにする

13　最終選別

不良品を取り除き、１００本の束をつくる

14　完封

完封箸の場合、紙の袋で包む

15　箱詰め

出荷のため、箸の束を箱詰めする

元禄割り箸の製造工程

（セルプ箸蔵の例）

1　背板（端材）の樹皮をむく

2　製材①　背板を15cm幅に切る

3　製材②　箸の長さに切り揃える

4　板面をカンナがけする

5　背板をカゴに詰める

6　高圧釜に入れて蒸す

7　箸の厚さにスライス裁断

8　箸の形にプレス裁断

9　箸を乾燥させる

10　選別(不良品を取り除く)

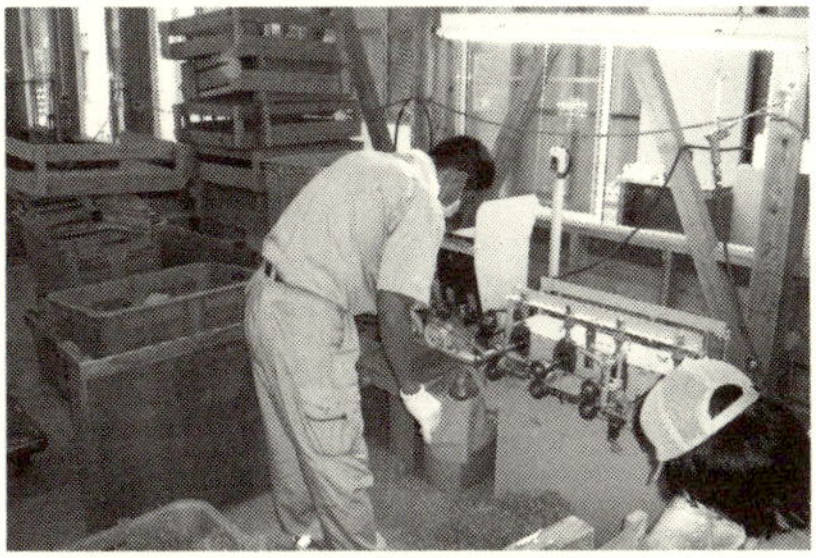
11　面取り(四隅と中溝の面を取る)

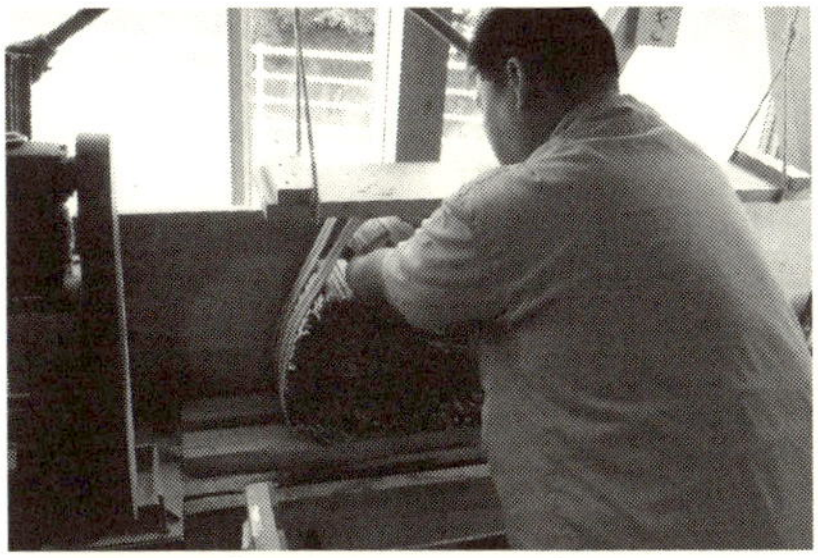
12　磨いて表面をなめらかにする

13　最終選別をする

14　完封(紙の袋で包む)

15　箸の束を箱詰めする

◆天削割り箸を製造する

２００４年から製造を開始した「江南愛の家」（埼玉県熊谷市）では、次のような12工程で割り箸（種類は天削《てんそげ》など。32ページ）が製造されます。なお、製造工程で出る木屑からペレット（木片を固めた団塊状燃料）を作っています。

1　製材①
丸太材の背板を90㎝の長さに切断する

2　製材②
横バンドソー（横帯鋸）を利用して90㎝の背板を箸の厚さに切断する

3　カンナがけ①
カンナ盤で表面をなめらかにする

4　カンナがけ②
超仕上げカンナ盤（スーパーサーフェイサー）を用いて両面を均一、なめらかに仕上げる

5　製材③
丸鋸盤を用いて90㎝の部材を割り箸の長さに切る

6　毛引き
割り箸の形に切断する（不良品を取り除く）

7　乾燥・殺菌
乾燥機で殺菌乾燥する

8　選別
乾燥後の箸から不良品を取り除く

木屑が原料のペレット

9　面取り
選別した箸の四隅と中溝の面を取る

10　天取り
天削《てんそげ》用の割り箸の場合、天削加工をする

11　最終選別
不良品を取り除く

12　箱詰め
出荷のため、箱詰めする

天削割り箸の製造工程（江南愛の家の例）

1　製材①　背板を90cmの長さに切断

2　製材②　箸の厚さに切断する

3　カンナがけ①
表面をなめらかにする

4　カンナがけ②
超仕上げカンナ盤使用

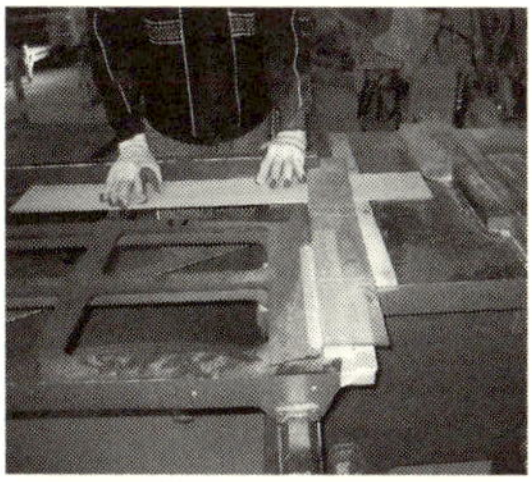

5　製材③　箸の長さに切る

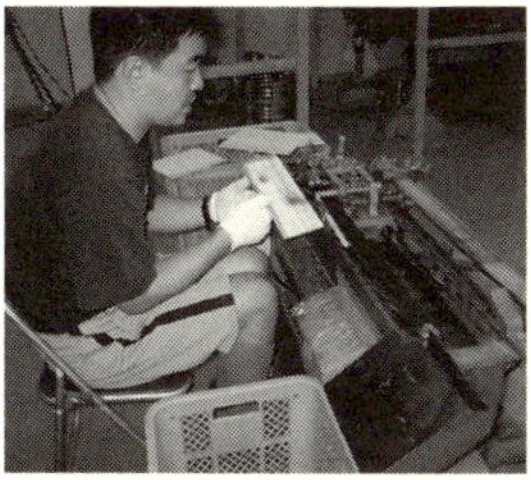

6　毛引き（割り箸の形に切断）

7　乾燥・殺菌（乾燥機）

8　選別（不良品を取り除く）

9　面取り（四隅と中溝の面を取る）

10　天取り（天削加工をする）

11　最終選別をする

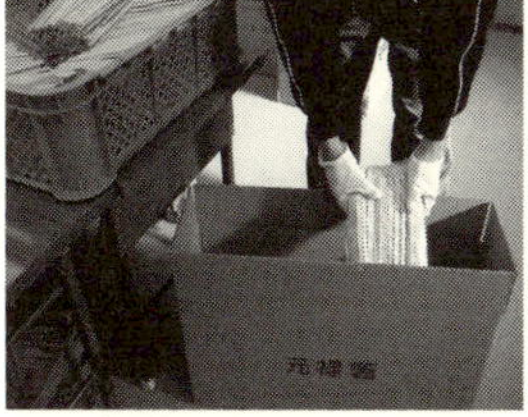

12　箱詰めする

樹恩割り箸の特徴と利用状況

●樹恩割り箸の特徴

間伐材を生かした樹恩割り箸の特徴として、まず、長所を列挙してみましょう。

〈長所〉

・間伐が促進される
・福祉の活性化につながる
・薬品を使用していないため、安全である
・いくぶん、毛ばだっているため、麺類などが食べやすい
・持ち運びに便利である
・リサイクルできる
・燃焼時、CO_2は発生するが地球温暖化の原因ではない（81ページ参照）
・比較的水を汚さない

次に樹恩割り箸の短所（一般の国産材割り箸と共通している点もあります）を述べます。

〈短所〉

・外国産割り箸に比べ、コストがかかる
・使い方によっては折れやすい
・リユース（再び同じものに使うこと）できない
・リサイクルをするのにエネルギーを使う

●利用は確実に増加

大学生協は、現在、全国で約２３０あり、そのうち食堂のある生協は約１７０です。国産材という価格の高さと、スギの間伐材ということに起因する折れやすさの２点がネックとなり、当初は使用する大学生協は決して多くありませんでした。

しかし、環境問題に積極的に取り組んでいこうという姿勢が年々強くなっており、使用生協数は確実に増加しています。樹恩割り箸製造の開始から現在までの、使用大学生協の数と店舗数、使用本数は次のとおりです。

●セルプ箸蔵製造の樹恩割り箸

1998年度（9〜3月）
26大学生協　41店舗　116万5000膳
1999年度（4〜3月）
36大学生協　60店舗　287万4000膳
2000年度（4〜3月）
44大学生協　86店舗　347万5000膳
2001年度（4〜3月）
53大学生協　104店舗　487万7000膳

大学食堂で使用されている割り箸（法政大学生活協同組合）

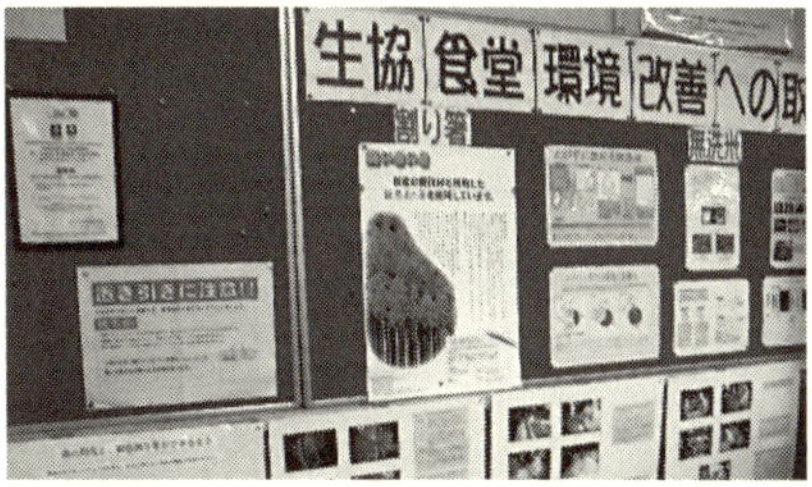

割り箸紹介パネルとポスター（法政大学生活協同組合）

2002年度（4〜3月）
62大学生協　129店舗　667万9000膳
2003年度（4〜3月）
66大学生協　144店舗　757万1000膳
2004年度（4〜3月）
71大学生協　160店舗　790万3000膳
2005年度（4〜3月）
73大学生協　165店舗　872万1000膳
2006年度（4〜3月）
76大学生協　170店舗　907万3000膳

●江南愛の家製造の樹恩割り箸

2004年度（4〜3月）
2大学生協　3店舗　14万5000膳
2005年度（4〜3月）
2大学生協　3店舗　42万4000膳
2006年度（4〜3月）
2大学生協　3店舗　45万7000膳

使用済み樹恩割り箸のリサイクル

●使用後の割り箸の運命

元々、間伐材割り箸は、間伐材から柱を取った残りの端材（背板）から製造されているので、森林資源の有効利用です。

割られていない割り箸は、まだ誰も使っていない証明で、衛生的です。しかし、「使い捨て」の言葉のイメージが、大量消費を連想させて、「もったいない」と思わせ、利用を敬遠する方向へ誘導してしまいます。

では、家庭で利用された割り箸は、どのように処理されているのでしょうか？　ほとんどの場合は燃えるゴミとして廃棄されています。しかしながら、木材の割り箸は貴重な森林資源ですから、紙と同様に、リサイクルすることが可能です。

●使用済み割り箸のリサイクル

かつて、九州大学生協や北海道大学学生グループなどが、使用済み割り箸を製紙工場に送ってリサイクルする活動を行ったことがあります。

しかしながら、この活動は長続きしませんでした。ほとんどの場合、1回だけ割り箸を郵送しただけで終わっているのです。これは、①割り箸をよく洗い、乾燥して、箱詰めし、②送料自己負担で工場に送ることになります。この2つが障害となって活動が長続きしなかったのです。

●パーティクルボードの原料に

樹恩割り箸の製造と食堂利用を検討する上で、使い捨てではなく、リサイクルシステムを築くことが重要な鍵でした。

森林資源のリサイクルというと、まず紙にすることが思い浮かびますが、パーティクルボード（パーティクルやチップと呼ばれる木材小片を接着して面状のボードに加工したもので、カラーボックスの裏

割り箸だけを原材料として作ったパーティクルボード

食堂で使用済みの割り箸を確保（東京農工大学生活協同組合）

消臭用の割り箸炭オブジェ（製作＝祐乗坊進、東京都多摩市、撮影・三戸森弘康）

家具などの面材料として利用されるパーティクルボードは、強度のある構造材料

パーティクルボードはカラーボックスの裏面、側板、天板などに芯材として利用される

面などに芯材として利用され、その断面が見られます）もリサイクルにより製造できます。

パーティクルボードは家具の面材料として利用され、強度のある構造材料ですが、表面には印刷した紙や突き板（薄くスライスした木材）を張るので、紙のように仕上がりに白色度が要求されることもなく、接着阻害さえ起こさなければ割り箸を洗う必要がなく原料として利用できます。

そこで、全国のパーティクルボード工場の連合組織である日本繊維板工業会に協力をお願いして、各大学食堂の使用済み割り箸を原料として福島県の小名浜合板株式会社などに受け入れてもらっています。

送料は各大学生協の負担ですが、今後は、共同仕入れを行っている事業連合経由で集約して送料を安くし、郵送費と同程度の費用で原料として買ってもらうことが可能ではないかと検討しています。

●割り箸を炭化して利用する

一度の使用で捨てるのはもったいない、といって、割り箸を炭にして暮らしに生かしたりする例があります。

割り箸炭は、小規模の炭やきの際、菓子缶や茶筒などに入れた割り箸を、他の炭材とともに炭窯《すみがま》の中に入れてやくことができます。また、アルミホイルに包んだり、釜めし窯を使ったりして、台所でやくこともできます。さらに学校の理科の実験で、ビーカーに入れて炭化することもあります。

近頃では、割り箸炭は、瓶に詰めて観賞用にしたり、紐で束ねて下駄箱やトイレなどの消臭用に利用したりしています。

また、自家菜園の土壌改良に生かしたり、環境教育の教材として役立てることもできます。

第４章

一膳の割り箸から考える森林・林業

日本の森林・林業と山仕事の現状

●荒廃する日本の森林

日本の国土面積に対する森林の割合（森林率）は、67%で、先進国では世界第2位です。第1位のフィンランドも68%ですから、いかに日本が森林の豊かな国かがわかります。

森林面積は2500万haで、そのうちの4割、1000万haが人工林です。特に戦後の復興に木材が不足したことから、1960年代に拡大造林政策が行われ、生長の早いスギやヒノキ等の針葉樹が植えられました。

残りの6割は天然林ですが、天然林には人の手が入っていない原生林と、伐採して木材を利用するが植林はせず、自然の力に頼って再生する天然更新林があります。日本では、原生林は知床、白神山地、屋久島などごく一部しか残っていないといわれ、その他の森林は人の手が入ることによって育てられてきました。

広葉樹林、北海道のエゾマツ林、青森のヒバ林などの人間が植林していない森林は、主に天然更新林です。人工林や里山などの天然更新林は、人の手で手入れをしなくては、それが持つ公益的な機能を十分に発揮することができません。特に木を間引く間伐は、過密になり暗くなった森林に光を入れ、下層の植生《しょくせい》を豊かにする重要な手入れです。雨が降っても一挙に流れず、洪水や渇水の防止になるとともに、土が流れなくなるため土砂災害の防止になります。また、二酸化炭素の吸収率も高まり、温暖化防止にもつながります。

しかし、現在、日本の森林は荒廃しています。過疎化や高齢化、林業の衰退によって、手入れが行き届いていません。また、里山林も、かつては薪《まき》や炭に、落ち葉は堆肥《たいひ》にと利用されていましたが、化石燃料や化学肥料を使用するようになった今では、放置されています。つまり、日本の森林は昔から人が

枝をエゴノキで巻いて束にする（岩手県大迫町、撮影・大谷広樹）

コナラを割って冬場の薪として確保（岩手県大迫町、撮影・大谷広樹）

日本の原風景。のどかな里地里山が広がる（岩手県大迫町、撮影・大谷広樹）

かかわることで育てられてきたのですが、現在は森林と人との関係が離れてしまったために、放置され、荒れているのです。

●林業と木材自給

戦後の復興に森が切り尽くされ、木材が足りなくなり価格が高騰したことから、1960年代の初めには木材の輸入が自由化されました。その結果、1969年には木材自給率が50%を割り、1999年には20%を下回りました。2005年には20%に回復しましたが、いずれにせよ、世界有数の森林率を誇る国が、世界第2位の木材輸入国となっているのです。

日本の木材需要は、1年間でおよそ1億㎥（1人当たりで考えると約1㎥）ですが、森林蓄積量の増加が1年で約8000万㎥あり（1年で約2000万㎥の国産材が利用されていることを差し引いても）、現在利用している木材を国内で賄うことができます。

しかし、なぜ現在でも自給率が低いかといえば、安い外材が入ってくるからです。諸外国と比べれば、日本の山は急峻《きゅうしゅん》で搬出にも手間がかかり、また、人件費も高いため、コストが高くつきます。

1990年代前半から、国産のスギ丸太のほうが米産のツガ丸太より安くなるという逆転現象が起こりましたが、量と価格が安定して供給される安価な外材の輸入が大幅に少なくなるという状況にはなっていませんでした。

しかし、最近では中国をはじめとしたBRICs諸国（ブラジル・ロシア・インド・中国）の経済発展により、世界の木材需要が高まり、世界の木材価格が高騰するという事態が起こってきました。そこで、合板を中心に安価な国産材が使われるようになってきたのです。しかし、安いから使われているにすぎず、多少価格が上がっているとはいえ、現在の価格では山に再度植林するための費用は賄えません。

コストを安くするために、搬出しやすい場所の大面積を皆伐し、はげ山のまま放置するという状態が、東北や九州を中心に起こっています。国産材を使ったがゆえに山が荒れてしまうという、なんとも皮肉な状況が生まれつつあるのです。

●山仕事の主な内容

　人工林では、木を利用するために森林を育てますが、そのためには手入れをすることが必要です。たとえば、植樹した苗木を育てるためには、雑草の生長が木よりも早いので、苗木を覆ってしまう雑草を夏に刈り払ってやることが必要です。この作業をすることで、苗木に光が当たるようになり木の生長が促されます。これを下草刈り、あるいは下刈りといい、植栽してから５〜７年間、雑草より木が大きくなるまで行います。

苗木を育てるため、下草刈りを行う（森林の楽校＝埼玉県神川町）

　次に、10年くらい経つと隣の木と枝がぶつかるようになるため、間伐をする必要が出てきます。この間伐は、およそ10年周期で行います。

「間伐するくらいなら、初めから粗く植えればよいではないか」と思うかもしれませんが、どの木が良い木になるかわからないための保険であり、また、木をまっすぐに生長させるために密集させて植えるのです。スギやヒノキの場合、一般的に、１haにつき３０００本を植え、50〜60年後の主伐の際には５００〜１０００本にします。

　枝打ちは、節のない良い材をつくるために行いますが、最近では、林内に光を入れるためという意味も強くなっています。

　そして、木を伐採しますが、その後、再び植林をするために整地することを、「地《じ》拵《ごしら》え」といいます。

間伐材と国産材の利用をめぐって

●間伐材の用途

間伐材は、１９７０年代までは建築現場の足場丸太などに使われていましたが、金属製に取って代わられ、利用が減りました。このことによって林業者の間伐材による収入は途絶え、森林経営の採算が悪化し、多くの森林が放置されるようになりました。現在では、「伐り捨て間伐」といわれるように、採算が合わないため、搬出されない間伐材も多くあります。

そこで、新たな間伐材の用途が考えられ、張り合わせて集成材として活用されることも多くなりました。２０００年からは間伐・間伐材利用コンクールが行われ、樹恩割り箸も賞をいただいています。

そのほか、現在ではＪＵＯＮ　ＮＥＴＷＯＲＫでも取り組むベンチへの活用や、治山ダム、高速道路の遮音壁、人工魚礁、家具、ウッドチップ（遊歩道用）等々さまざまな形で利用されています。最近では、間伐材紙の使用も進み、カート缶（飲料用の紙容器）にも使われています。商品として売れることで、間伐が進むようになるのです。

●国産材利用の取り組み

森林を育てるために必要な間伐だから、木を伐ってもよいということではありません。最終的に伐る主伐材の用途がなければ林業は成り立たず、手入れもされなくなります。ですから、木が使われることは必要で、何よりも、木をはじめとした植物は、原料としては、出来るまでに途方もなく長い時間のかかる化石資源や、絶対量が決まっている鉱物資源とは違い、再生産が可能な資源なのです。木を使うことは自然環境にとっても、人間にとっても良いことなのです。

特に国産材を使うことは日本の森林を守ることにつながりますが、グローバリゼーションの進むＷＴＯ（世界貿易機関）の自由貿易体制の下では、特別な保護をすることはできません。そこで、消費者の選択が重要になってきます。

一例として「東京の木で家を造る会」を挙げておきましょう。都会に住む人々が家づくりを通じて、住まいをとりまく問題、さらに山村や林業の問題を考え、理解を深めていくことを目的とする協同組合です。メンバーは林業家、製材所、工務店、設計事務所、施主です。このように、近くの山の木で家をつくる運動など、国産材利用の取り組みが徐々に広がってきています。

間伐・間伐材利用コンクールで樹恩割り箸が受賞

間伐材製のベンチ（製作＝香川県・香川ベンチの会）

間伐材製のテーブルと椅子（製作＝徳島県・三好西部森林組合）

間伐材割り箸利用は適切な森林管理につながる

●箸製造はもともと山の仕事

一休禅師《ぜんじ》のとんちに、「このはしわたるべからず」の立て札を見て、一休は橋の真ん中を歩いて渡ったというのがあります。これは端《はし》と橋《はし》に関するものですが、元々、語源は同じであるようです。端と端を結ぶのが橋です。

箸も、食器内の食物を口に橋渡しをするという意味で「はし」になりました。

箸の製造は川上の山の仕事と切り離すことはできません。明治以前は、天候等で山の仕事ができないときはミズキなどの木を用いて箸の加工を行い、川下の町や都市に送っていました。このように箸の製造は、薪《まき》や炭などと同様に貴重な現金収入の手段でした。

したがって、日本の歴史・文化的には川上から川下への流れがあり、川上と川下の橋（箸）渡しをしていたということができます。

東京都奥多摩町の小河内ダムの脇にある奥多摩水と緑のふれあい館には、江戸時代に地域住民がミズキの箸を生産していたことを示す道具や、江戸への輸送に関する文書などの資料が展示されています。

樹恩割り箸は、阪神淡路大震災時の仮設学生寮建造、その後の森林ボランティアなど、川上の森林組合などと川下の都市住民との交流から生まれ、まさに、川上と川下の橋渡しの象徴といえます。

●繰り返される割り箸論争

20年ほど前の割り箸論争です。

「割り箸製造のために熱帯林などの貴重な樹木が伐採され、森林破壊が引き起こされている」

「割り箸を使わなければ○○棟の家が建つ」

このような議論があり、〝マイ箸〟の持ち歩き運動が展開され、また、各大学生協の食堂も割り箸からプラスチックスの箸に転換した経緯があります。

セルプ箸蔵での割り箸選別作業（徳島県三好市）

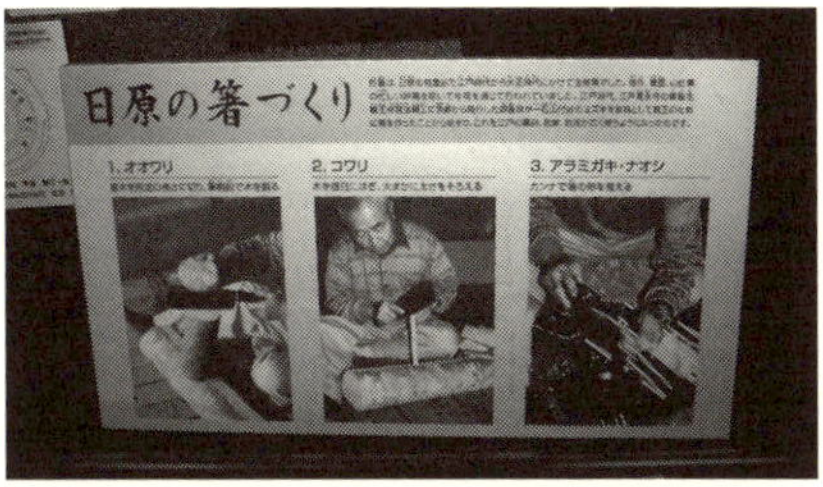

「日原の箸づくり」をパネルで紹介（奥多摩水と緑のふれあい館＝東京都奥多摩町）

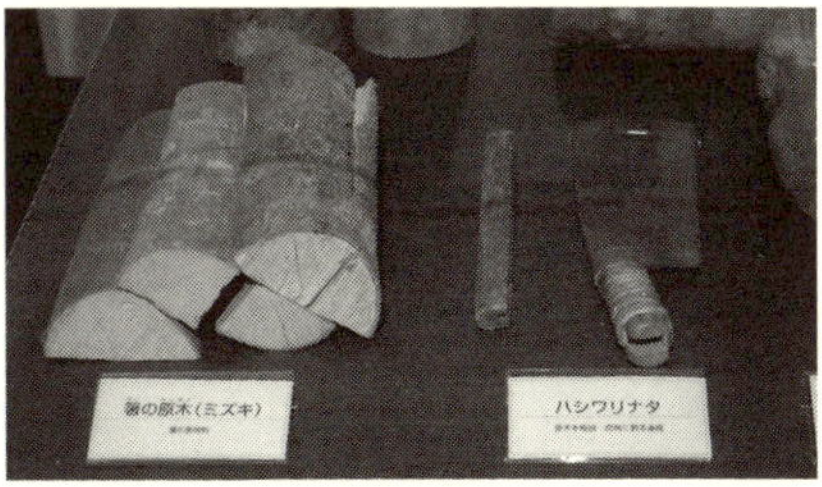

ミズキなどの箸の原料や箸製造に用いる道具を展示（東京都奥多摩町）

たしかに国産材でない割り箸の場合にはそういう問題を指摘できるのでしょうが、樹恩割り箸は間伐材から作られています。植林―間伐・枝打ち―伐採（木材生産）―植林の作業が行われ、適正に管理されている森林から生産された木材を利用するということは、森林破壊ではなく、むしろ健全な森林経営を維持させるのに役立ちます。

●間伐材割り箸は環境に悪いのか

間伐材割り箸は建築材（柱・土台・はり・板などの製材）を取った後の端材から製材されます。森林資源の有効利用になります。また、前述のように、使用後はパーティクルボードにリサイクルされています。

また、地球温暖化を防止するCO_2吸収源は適正に管理された森林です。天然林や間伐されずに放置された人工林は吸収源とは認められません（77ページ参照）。また、間伐した木を山に捨ててきてしまったら（切り捨て御免間伐）、そこでCO_2が放出されるので、なんとか材料として利用しなければなりません。

割り箸の使い捨ての是非をめぐって

●割り箸のメリットとデメリット

　大学生協では、使用した間伐材割り箸はパーティクルボード工場に送り、マテリアル（材料）リサイクルを行っています。また、割り箸自体が端材から生産されるので木材の有効利用に役立っていますが、それでも割り箸が良いか悪いかの問題は、最後は哲学の問題になってきます。

　使用後の割り箸がリサイクルされるとしても、割り箸自体は、一度使われてしまったら、それで終わりです。プラスチックスの箸は洗えばまた使えますが、割り箸は使えません。このことが割り箸を「もったいない」と思わせています。また、木の木目が見えますから、高級感があり、ぜいたくだと利用者に思わせます。

　しかしながら、使い捨て自体は、清潔、衛生的などの面では優れており、肝炎などの病気の予防、食堂排水の汚染の予防に効果があります。

　したがって、使い捨ての割り箸利用と、再利用可能なプラスチックス箸や竹箸利用のメリット・デメリットを総合的に判断して、自分たちの環境哲学を築き、それに合った選択を行うべきです。

　早稲田大学の生協食堂では、かつてプラスチックスの箸が使われていましたが、早稲田大学生協理事会は、プラスチックスの箸には添加剤にビスフェノールAという物質が使われており、これは環境ホルモン（内分泌撹乱《かくらん》物質）であり、人体への影響や蓄積効果についてはまだ解明されていないので、大学食堂を利用した女子学生たちが将来妊娠したときに胎児にどの程度影響するかもわからないので、「疑わしきは用いず」の原則で、食堂の箸をすべて、間伐材割り箸に切り替えました。

　また、東京農工大学生協では、学生や教職員の組合員には、「間伐材を有効利用したい」と「森林資源を節約したい」との相反する意見があり、食堂に

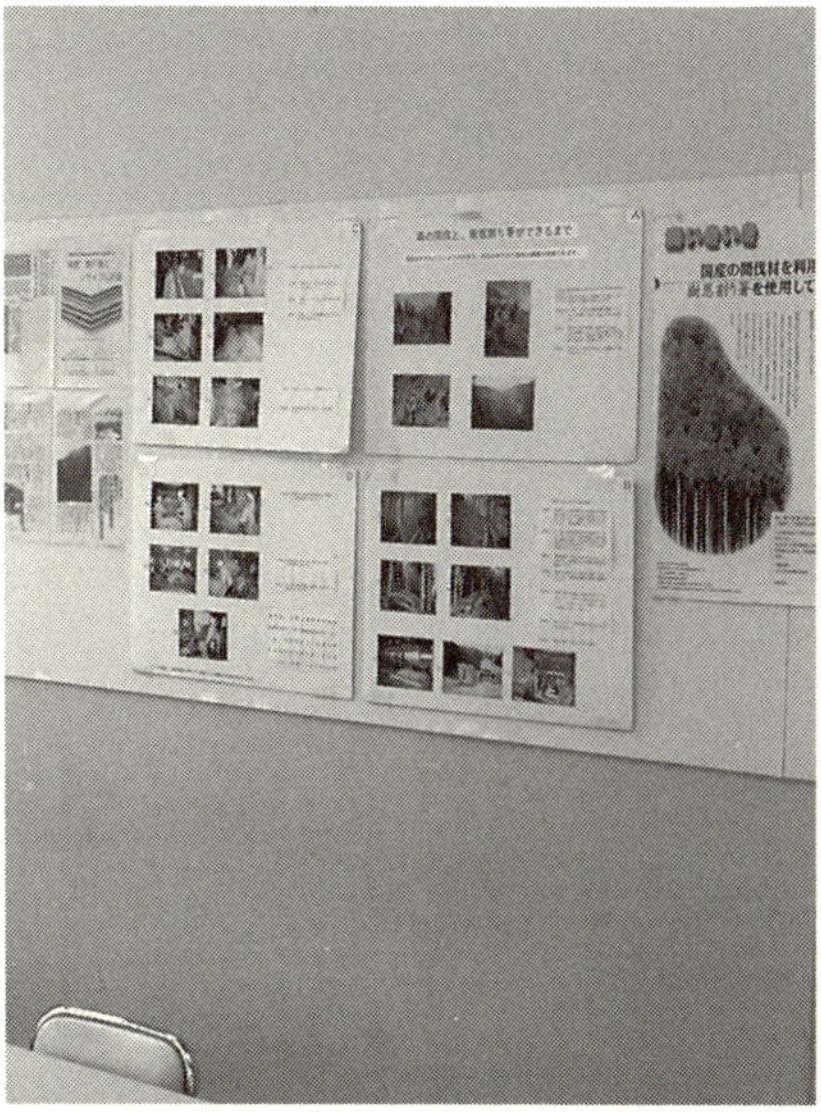

割り箸の紹介パネルとポスター（富山大学生活協同組合）

使用済みの割り箸。パーティクルボードなどに生かす（東京農工大学生活協同組合）

は間伐材割り箸とプラスチックス製箸の2種類を用意し、個人の選択に任せることを理事会で決定しました。

●環境負荷の少ない生活を

私たち人間は、産業や生活にともない、どんな形でも環境負荷を与えています。大昔のように自然の中で人口密度も低く生活していた場合は、私たちの与える環境負荷は自然の許容の範囲でそれほど影響はありませんでしたが、現代のように人口が増え、都市を形成し、資源を利用して文明を築き、暮らしています。この文明を維持するためには、大きな環境負荷を起こしています。

私たちは、その時代の科学的技術や経済的条件を考慮して、どのような環境負荷を抑えるかを選択しながら生きていかなければなりません。そのために常に検討や議論をし合い、環境哲学を構築し、環境負荷の少ない生活を心がけなければなりません。

割り箸の問題はそのための一つの例として考えてみてください。

森林環境教育と体験プログラムの実施

●新たな循環型社会の構築に向けて

地球温暖化防止をはかるためには、森林の持続的な活用や木材の多段階的な（カスケード型：79ページ参照）利用などの取り組みを通じて、「大気―森林―木材（リサイクル）―大気」と炭素が循環するシステム系を絶え間なく働かせることで、最終的には生活の基盤をできるだけ現行の「化石資源に大きく依存した非循環システム」から「森林・木質資源を活用した循環型システム」へと移行させていかなければなりません。

そのためには、森林が常に健全で活力のある状態であるように整備を促進するとともに、森林から生産される木材を積極的に、また、多段階的に活用する取り組みを、多くの市民の参加により、総合的に展開していかなければなりません。

●森林環境教育とは

森林環境教育は、「森林とのふれあい」「木材のぬくもり」などを通して、市民に、森林や木質空間の場で、体験を通じて、地球温暖化のためのCO_2排出削減、大量消費型から資源循環型への社会変革、森林の機能、木材利用、森林バイオマス利用などについての理解を促す手段です。

環境教育は、環境意識の向上を目的とします。つまり、人間が地球に住む動物として潜在的に持つ自然への敬愛の心、また、このすばらしい自然を子孫のために残そうと思う心を育み、そのために行動を起こせる人間を養成することです。

●体験型森林環境教育を実施

森林環境教育には、自然体験型プログラムや、木工クラフト、林業作業体験、山村文化交流などの体験を通して理解するプログラムがあり、全国的に展開されています。

NPO法人 自然体験活動推進協議会（CONE）は、このような体験型の環境教育を実施している多くの団体が会員となり、指導者養成（CONE指導者）などの事業の連携を行っています。CONE会員の団体の活動内容をみると、森林とのかかわりが深く、大半の団体が森林環境教育を行っているといえます。

JUON NETWORKにおいても、「森林《もり》の楽校《がっこう》」を森林作業体験や自然散策などの内容の森林環境教育プログラムとして実施しています。また、森林ボランティアリーダー養成講座や援農ボランティア青年養成講座のほか、エコサーバー検定（18ページ）によるリーダーやコーディネーターの養成を行っています。

棚田のある山村（徳島県三好市）

伐採の実技指導を受ける（森林の楽校＝新潟県佐渡市）

森林の楽校の参加者一同（徳島県三好市）

森林保全に向けての新たな取り組み

●樹恩割り箸の受賞歴

樹恩割り箸はこれまで、２００１年度「間伐・間伐材利用コンクール」（間伐推進中央協議会主催・林野庁後援）の「暮らしに役立つ間伐材利用部門」において「間伐推進中央協議会会長賞」を、２００３年度「木材供給システム優良事例コンクール」（日本木材総合情報センター主催）において「林野庁長官賞」を受賞しました。

さらに、２００５年度「木づかい運動」（農林水産省主催）では、農林水産大臣感謝状（中小規模実需者の部）をいただきました。

以上は樹恩割り箸が社会的に評価された賞などですが、これ以外にも、現在、表彰等さまざまな形で森林保全を進めていこうという取り組みがあります。

●間伐材マークと森林認証

エコマークやグリーンマークなど環境に配慮した商品についている認証ラベルには、現在さまざまなものがありますが、木製品に使われるラベルもあります。その代表的なものが、間伐材マークや森林認証ラベルです。

間伐材マークは、「間伐は　みどりを育てる　深呼吸」をキャッチフレーズに、間伐や間伐材利用の重要性などをＰＲし、間伐推進の普及啓発や間伐材の利用促進と消費者の製品選択に役立つために、２００１年に誕生しました。その年、樹恩割り箸も使用認定を受けています。

森林認証制度とは、適切な森林管理が行われている森林を第三者機関が認証し、認証森林から生産された木材・木材製品にラベルをつけて販売することで、製品の信頼性を保証する仕組みのことです。

１９８０年代、熱帯森林破壊が国際的に大きな問題として取り上げられるようになり、熱帯材の不買運動がヨーロッパや北米で起きました。しかし、ヨこのマークがついている製品は適切に管理されている森林からの木材を使っています。適切に管理された森林とは、ＦＳＣの規定に従い、独立した機関により認証された森林を指します。

FSC日本推進会議設立準備局
〒157-0076　東京都世田谷区岡本2-18-5
TEL03-3707-3438　FAX03-5716-4186
http://www.forsta.or.jp

ーロッパ・北米産の木材にも大面積皆伐によるものが含まれていることが消費者にわかり、森林を守るための運動は、熱帯材のボイコットから、森林認証制度の設立と普及に転換していきました。

よく知られているのは、全世界を対象とした国際機関のＦＳＣ（Forest Stewardship Council：森林管理協議会）の**ＦＳＣ認証**で、ＦＳＣは１９９３年に環境団体、木材取引企業、先住民団体、地域林業組合などが中心となり、設立されました。２００７年１月末現在、世界で76カ国、８７５カ所、８４２９万１４９４ha、日本では24カ所、27万６５３４haの森林が認証されています。

そして、認証された森林から生産されたことを証明する、ＣｏＣ認証（Chain-of-Custody：生産、加工、流通過程すべてのつながりの意）を受けている製品は、全世界で５４００件、日本は４１３件で、ＦＳＣのロゴマークがついています。

また、日本独自の森林認証制度として、『緑の循環』認証会議（ＳＧＥＣ）が２００３年に発足して**ＳＧＥＣマーク**を設定。２００７年７月末現在、１

０７事業体が参加し、39万７０１７haの森林が認証されています。

●木づかい運動

「チーム・マイナス６％」は環境省が行う地球温暖化防止のための国民的プロジェクトですが、同じように農林水産省（林野庁）でも２００５年から「木づかい運動」を展開し、元日本ハム監督の大沢啓二議長率いるプロ野球マスターズリーグが「木づかい応援団」として活動しています。毎年10月が「木づかい推進月間」です。

よく手入れされたスギ林（東京都檜原村）

　また、木づかい運動を象徴するロゴマークとして、「**３・９GREEN STYLE**（サンキューグリーンスタイル）」マークが使用されています。日本は京都議定書で、地球温暖化の原因となっている二酸化炭素などの温室効果ガスの排出量を１９９０年の排出水準から６％削減することを約束しましたが、そのうち３・９％（現在は３・８％）を森林によって吸収することにしています。そこで、農林水産省では「国産材、使って減らそうCO_2」を合い言葉に、二酸化炭素を吸収してくれる日本の森林に感謝（サンキュー）しながら、目標の３・９％（サンキュー）の達成に向けて、国産材製品を取り入れたライフスタイルを提案しているのです。

　いずれにせよ、化石資源から作られた製品よりも、循環可能な木製品、遠くの森林よりも近くの森林からできた製品を使っていくことが、環境に対する負荷も少なく、森林保全につながっていくのです。

間伐材マーク

間伐材マークは間伐や間伐材利用の重要性などをPRし、間伐材を用いた製品であることを表示するために使用することができる。マークの適切な使用を通じて、間伐推進の普及啓発、及び間伐材の利用促進と消費者の製品選択に資する。

全国森林組合連合会内 間伐材マーク事務局
〒101-0047　東京都千代田区内神田1-1-12
TEL03-3294-9715　FAX03-3293-4726
http://www.kanbatsuzai.mark.org

SGECマーク

SGECマークは、『緑の循環』認証会議の理念である「持続可能な森林管理を通じて、自然環境の保全に貢献するとともに、地域における循環型社会の形成に寄与する」ことに相応し、色調とデザインを意識したもの。

『緑の循環』認証会議(SGEC)
〒102-0093　東京都千代田区平河町2-7砂防会館　社団法人 国土緑化推進機構内
TEL03-5276-3311　FAX03-5276-3312
http://www.sgec-eco.org

木づかい運動ロゴマーク

木づかい運動は、京都議定書で定められた温室効果ガスの削減目標の達成に向けて国産材の利用量を早急に拡大（1700万m^3から2300万m^3）することをめざすもの。木づかい運動を象徴するロゴマークが「サンキューグリーンスタイルマーク」である。

財団法人 日本木材総合情報センター　木づかい運動ロゴマーク事務局
〒112-0004　東京都文京区後楽1-7-12　林友ビル２Ｆ
TEL03-3816-5595　FAX03-3816-5062
http://www.jawic.or.jp

過疎化・高齢化が進む山村の再生をめざして

●過疎化が進む山村

国土面積の約半数に当たる47％は山村です。２５００万haのうちの約６割の森林が、この山村地域にあります。しかしながら、山村に住んでいる人々の割合は、日本の人口の４％にすぎません。

山村振興法に基づき指定された振興山村は、２００７年１月現在で一部山村という地域を含み７５４市町村あります。過疎化、高齢化はますます進んでいて、高齢化率は21％を上回っているのです（２０００年現在）。集落の中には、高齢化率が50％以上を超え、消滅する可能性の高い、いわゆる「限界集落」も増えています。

山村は農林業の衰退に加え、公共事業が減ったことで経済的にも大きな打撃を受けています。仕事がないことが、過疎化を進める大きな原因なのです。

このように現実はなかなか厳しい状況ですが、都市住民の中には、環境、文化、ライフスタイルなどさまざまな視点から農山漁村に価値を見いだす人も生まれはじめ、都市から過疎地域への流れが徐々に出てきています。実際にUターン（生まれ故郷に移り住む）、Jターン（生まれ故郷の近くの中規模な都市に移り住む）、Iターン（生まれ故郷とは別の地域に移り住む）、する人たちも多くなっています。

●国産材割り箸の価値と可能性

移住した人たちや元から住んでいる人たちが農山村で今後も暮らし続けていくためには、経済的に成り立たねばなりません。そのためには、国を支える礎である第１次産業の再生が鍵となります。グローバル化した現在、さまざまなものが外国から入ってきますが、より近くの農山村から食料や木材などが入ってくるほうがエネルギーの使用量が少ないため、環境への負荷が少なく、農山村の生活を支えることにもなります。

たとえば、260億膳の割り箸が日本で製造されたとすれば、経済的にも非常に大きな意味を持つでしょう。このように、割り箸は林業や山村の再生につながる可能性を持っているのです。

●山村と都市の交流

JUON NETWORKでも、森林ボランティア活動や援農を通じて、農山村と都市の交流を進めていますが、地元の方々の自然とつきあうための知恵と技にいつも驚かされます。

農山村は水・空気・食料などの供給をはじめ、国土の保全など、都市の暮らしを支えてくれています。都市住民が活性化のお手伝いに訪れるのが、農山村と都市の交流の意義の一つです。しかし、同時に都市住民が今の都市のあり方について再考するようになることも、もっと大きな意義ではないかと感じています。

食を通して山村女性との交流を深める（徳島県三好市）

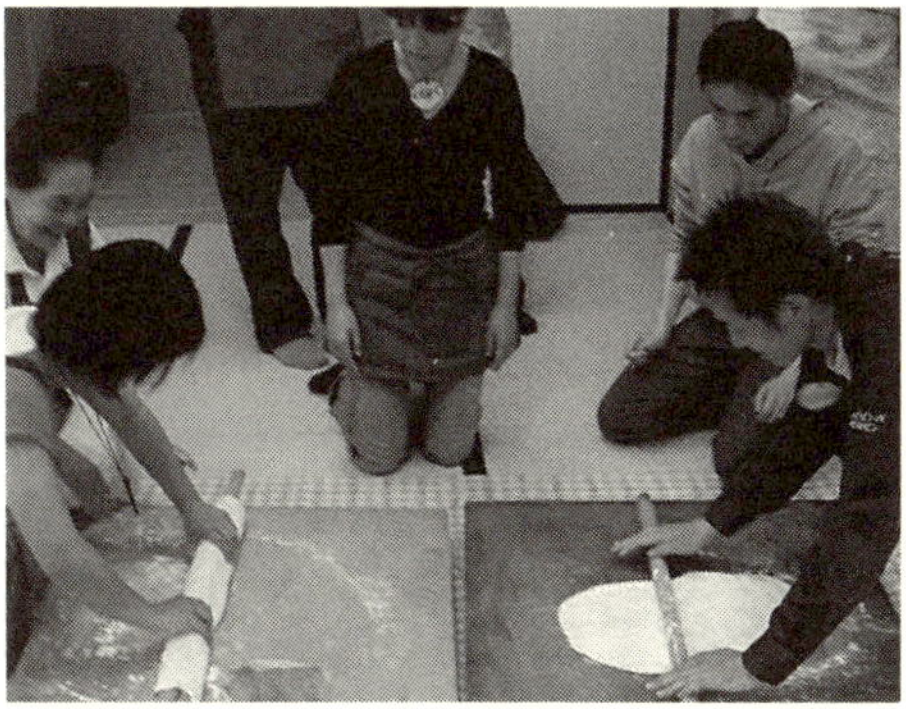
うどん作りなどの実技指導を受ける（東京都奥多摩町）

割り箸は農山村などの地域を支え、環境を守るための身近な材料

◆エコ・コラム①

地球温暖化はなぜいけないのか

温室効果により地球温暖化が進むと、私たちの環境にいろいろな害を及ぼします。

気候変動：気候の変動により、降水量の多い地域と乾燥地域の差が極端になり、台風、洪水、高潮の発生頻度が増加し、また、次項の海面水位の上昇と関連し、水害などの被害が拡大されます。また、山火事の発生なども頻発します。

海面水位の上昇：地球温暖化が進み、２１００年までに地球全体の平均気温が１～３・５℃上昇すると、北極・南極の氷がとけ、海面の水位は12～95cm上昇するとＩＰＣＣ＊により予測されています。海面水位が１ｍ上昇すると、東京では墨田区・足立区・葛飾区・大田区などでゼロｍ以下となると予想されるなど、人間の生活基盤に大きく影響します。また、日本全国の砂浜の90%は消失し、生活環境も変わってきます。

＊ＩＰＣＣ　気候変動に関する政府間パネル。気候変動に関する利用可能な科学知見の評価、気候変動による環境および社会経済への影響評価、気候変動に対する対応戦略の策定について評価報告書を策定している。

植生の変化：地球上の植物は温度による住み分け（植生）を行っています。しかし、１～３・５℃程度の平均気温の上昇により、等温線が、高緯度方向（北半球では北方向）に１５０～５５０km移動し、高度（標高）では上方向に１５０～５５０ｍ、それぞれ移動します。動物の場合は移動することにより、温度変化に対し適応できますが、植物の場合は、運動による移動ができないので、急激な温度変化による等温線の移動に適応できず、絶滅する種があると予想されます。たとえば、山頂付近に生息する貴重な高山植物は、等温線の上昇により、生育環境を失います。また、植生の変化にともない、共生する動植物が共に姿を消すこともあります。このように植生の変化により、天然記念物や希少動植物が絶滅する恐れがあります。

疫病の発生：気温の上昇は直接人間の循環器系や

呼吸器系に影響を及ぼすことはもとより、洪水などの発生、温度上昇による病原菌の活性化、マラリヤ・デング熱・黄熱病などの媒介動物（蚊など）の高緯度（北半球では北方向）への生育範囲の拡大などにより、伝染病が流行します。また、大気中の花粉・胞子の量が増えることによる喘息やアレルギー疾患などが問題となります。

食料難：海では水温の上昇により、赤潮などの有害なプランクトンが発生し、漁獲高の減少をもたらします。また、農業・畜産業では、気象の変化による水害・干ばつ・虫害の発生や病気の変化が起こり、生産高が減少し、食糧難に陥る可能性もあります。

◆エコ・コラム②

地球温暖化対策と資源循環型社会

〈大気中の二酸化炭素の増大〉

二酸化炭素（CO_2）、メタン（CH_4）、亜酸化窒素（N_2O）と3種類の代替フロン（すなわちハイドロフルオロカーボン、パーフルオロカーボン、六フッ化硫黄。なお、フロンはオゾン層破壊の原因になるので、1990年のウィーン会議のモントリオール議定書ですでに撤廃が決まっている）の計6種類の気体が温室効果ガスとして、現在、問題になっています。これらの気体の大気中濃度が高くなると、大気中に熱をより多く吸収し、地球から宇宙に熱を放射するのを妨げます。すると、地球は温室のようにどんどん暖まり、気候が変わります。これを気候変動と呼びます。

温室効果ガスの中で二酸化炭素は、地球温暖化への寄与が最も大きく、温暖化の主原因として位置づけられています。二酸化炭素は、石油・石炭などの化石燃料の燃焼により、大量に大気に放出されています。それらは、人間の生活、および、それを支えるためのエネルギー供給・食料生産・材料生産・運輸交通などの産業活動にともない排出されるものです。次ページの図を見ると、地球の大気中の二酸化炭素の量は、産業革命による石炭と石油の燃焼とともに大きく増大していることがわかります。

〈京都議定書の採択〉

気候変動枠組条約（1992年にリオデジャネイ

図　大気中の二酸化炭素濃度の変化

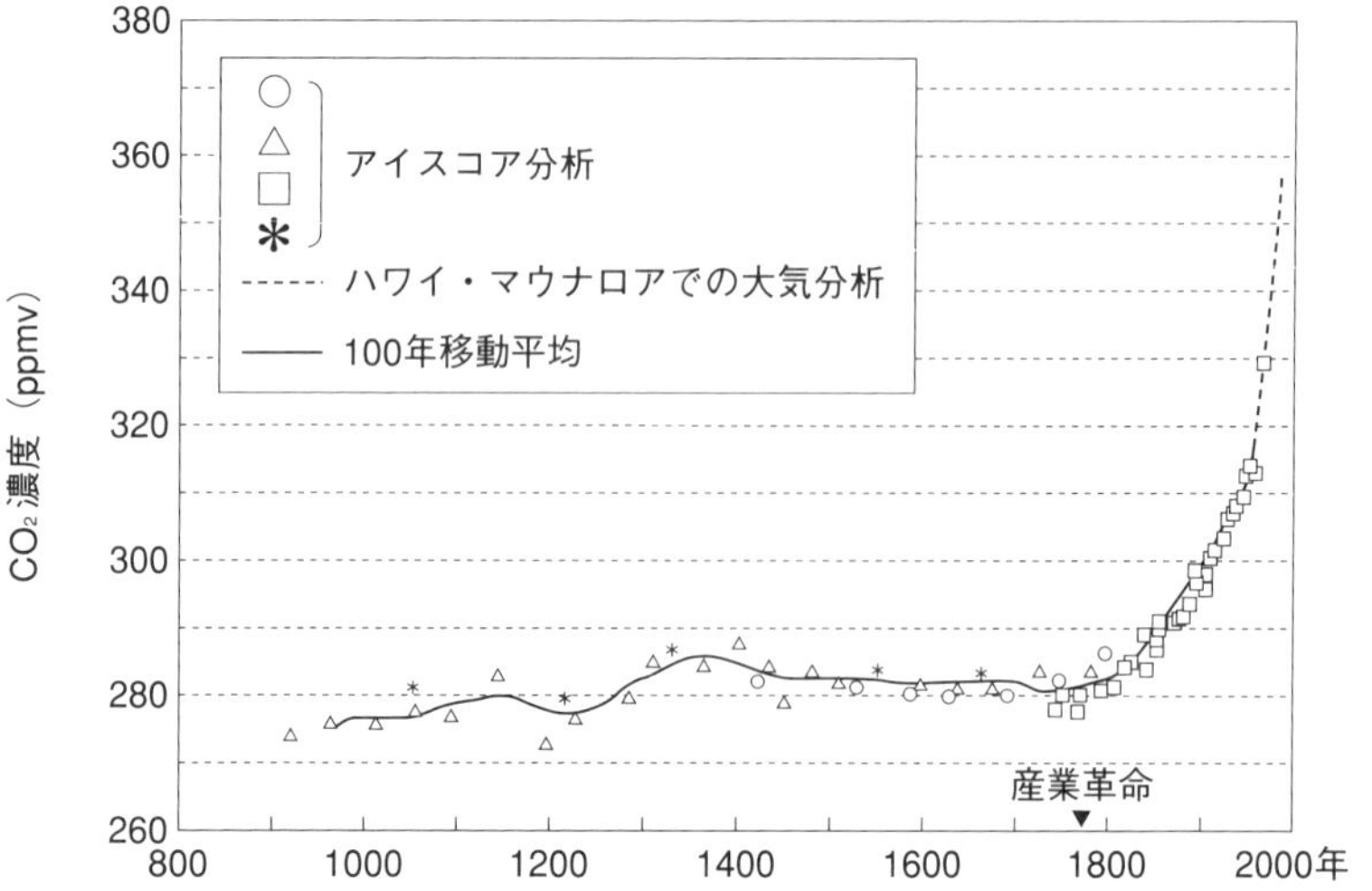

出典：『地球温暖化と森林・木材』日本林業調査会

ロで採択）が１９９４年に発効し、地球温暖化防止のために各国が努力することになりました。１９９７年、京都で開催された第３回締約国会議（ＣＯＰ３）では、「京都議定書」を全会一致で採択し、温室効果ガスの排出量を削減するために、具体的な削減量の数値目標を決めました。先進国と市場経済移行国について、２００８年から２０１２年の約束期間の当該国全体の平均排出量を、CO_2換算で、１９９０年の排出水準から少なくとも５％削減することとし、国ごとに数値目標を定めました。日本は６％削減することになりました。

〈地球温暖化対策〉

日本の温室効果ガスの排出削減の数値目標は決まりましたが、さて、実際に削減するにはどうしたらよいでしょうか？

　１９９８年６月に内閣総理大臣を本部長とする地球温暖化対策推進本部において決定された「地球温暖化対策推進大綱」では、CO_2吸収・固定源対策として「森林の整備の促進」「木材資源の有効利用促進」などを施策として定め、政府レベル、自治体レベル、企業や個人レベルでライフスタイルの見直しを含め、さまざまな取り組みをしていくことを呼びかけています。そこで、私たちは、省エネルギー・省資源を行い、二酸化炭素を不必要に排出しないように、大量消費型社会から資源循環型社会に変えていくことに協力しなければなりません。

◆エコ・コラム③

適正に管理された森林の機能とは？

〈森林の機能〉

森林の機能には、緑のダム効果である「水源涵《かん》養《よう》」、いろいろな種類の動植物に生息場所を与える「生物多様性維持」、材料としての木材・燃料としての薪炭《しんたん》・食料としてのキノコなどの林産物を私たちに供給するための「森林資源の生産」などがあります。

地球温暖化との関係では、光合成により空気中のCO_2を吸収して酸素を放出し、吸収した炭素は木材などの有機物の形で固定する「CO_2吸収と炭素固定」があります。

〈森林には適正な管理が必要〉

日本の森林全体の炭素貯蔵量は１９９５年現在14億ｔと推定されています。また、年間のCO_2吸収量は２７００万ｔと推定され、この量は日本のすべての自家用車から1年間に排出される量（CO_2換算）と同じです。このCO_2吸収機能の大部分は、天然林ではなく、「人工林の生長」によるものです。

日本は温暖多雨で森林の育成に適した気候に恵まれ、また、第二次大戦後には国民を挙げて緑化活動に取り組んだ結果、１０００万haという世界でも有数の人工林をつくり上げてきました。

しかし、林業の不振や農山村の過疎化・高齢化などで、造成された森林の中には間伐などの手入れが十分に行われていないのが多くあり、それらは、森林の機能を発揮できていません。

〈適正に管理された森林とは〉

森林は、植林してから30年ぐらいまでの若齢な段階では、「未成熟林」と呼ばれ、旺盛な生長を示し、大気中のCO_2を活発に吸収し、木材の形で炭素固定を行いますが、年が経つとともに成熟し、森林の（光合成）生産量は減少し、炭素の貯蔵源としての役割

図　森林の林齢に伴う物質生産量と現存量の増加の推移

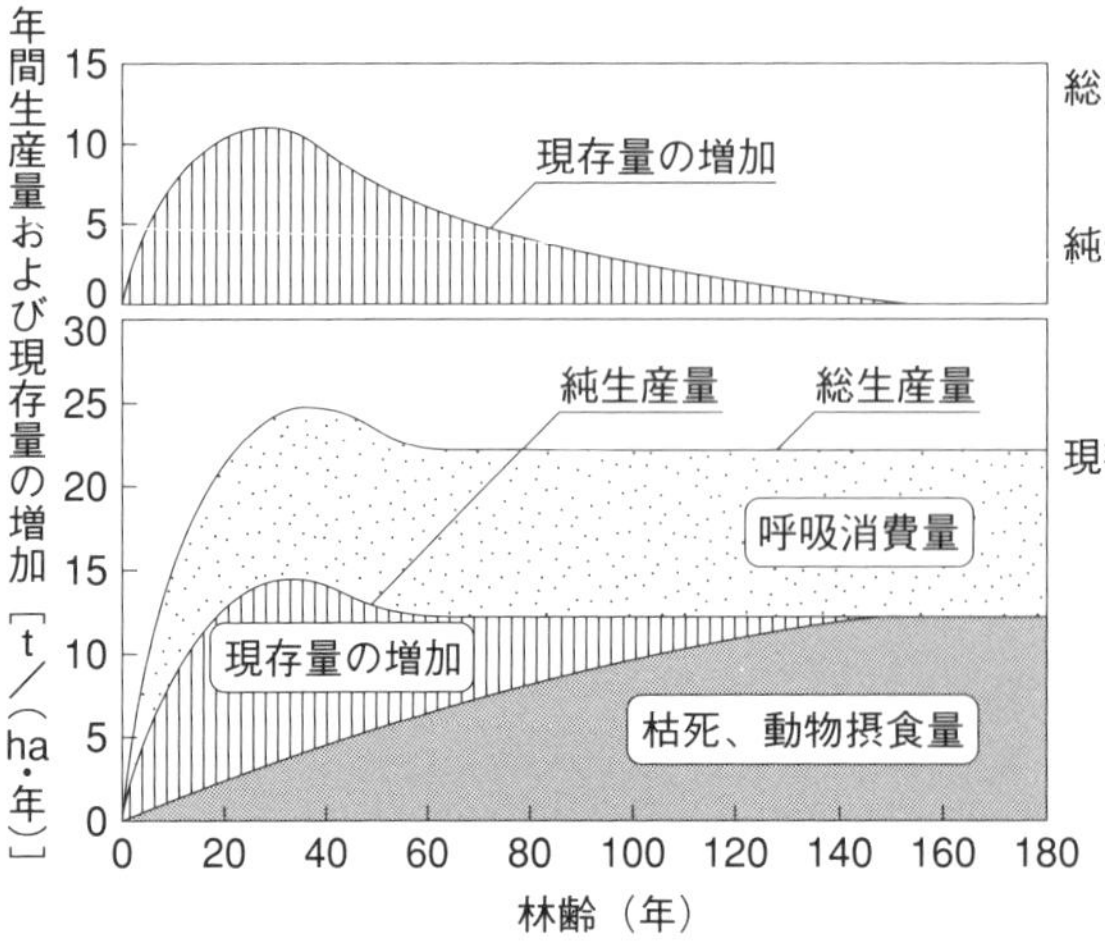

総生産量：樹木が光合成によって生産した有機物の総量

純生産量：総生産から、樹木が生命維持のために呼吸として消費する量を引いた量

現存量：純生産から、樹体の枯死、動物摂食量を引いた量（蓄積量）。現存量の増加の推移はCO_2吸収量の推移と同様

出典：日本木材学会編『「解説　木と健康」・「解説　地球環境問題と木材」木材利用推進マニュアル』日本木材総合情報センター

は維持するものの、「CO_2の吸収源」としての機能は失います。

特に、原生林や長年放置された人工林などの成熟した森林は、光合成によるCO_2吸収量と枯木や倒木などの昆虫や微生物による分解に伴うCO_2発生量は等しくなるため、CO_2吸収源とは認められません。

ところで、木材生産を行っている森林では、その地域の気候や土壌に最適な林業作業（施業）を行って、効率の良いCO_2吸収・木材生産を行う林業形態を1000年以上の長い歴史の中で築いてきました。

そこで、京都議定書では、CO_2吸収源として、①1990年以降に植林された森林と②適正に管理した森林を認めました。植林・間伐・枝打ち・伐採さらに植林と持続的に経営（管理）が行われている森林は、適性に管理された森林として吸収源と認められます。

〈二酸化炭素の吸収源、排出源〉

また、地球温暖化の原因は、私たち人間の産業や生活からの温室効果ガスで、特に、化石燃料を燃やした二酸化炭素です。つまり人為的なCO_2排出が原因です。したがって、人為的に排出したCO_2を人為的に吸収したのでなければ、吸収源とは認められませんので、人為的に木を育てる産業としての林業は吸収源として重要です。

同じく植物の光合成を利用した産業として農業があります。しかし、農業は、①生産した作物は人間や家畜が食べて分解し、CO_2に戻るため、炭素の蓄積効果がない、②農作業機械にガソリン・軽油などの化石燃料を使用する、③水田ではメタン（CO_2の21倍の温室効果）が発生する、④化学肥料から亜酸化窒素（CO_2の310倍の温室効果）が発生する、などの理由で、京都議定書では農業は「排出源」に登録されています。また、林地から農地への、また、農地から林地への、土地利用変更も、それぞれ、排出源と吸収源に登録されています。

◆エコ・コラム④

木材は循環型社会のための大いなる資源

〈木材利用は第二の森林〉
森林を伐採した場合、CO_2の排出と思われがちですが、植林して持続的に林業を行えば吸収源として認められます。また、炭素が固定された生産物である木材を住宅部材や家具用材などとして使い続ければ、森林に蓄えられていた炭素を木材の形で引き続き保持し、この炭素の貯蔵機能としての「第二の森林」は都市地域においても実現可能です。

〈木材加工における環境負荷〉

木材の製材・加工時の消費エネルギーや炭素放出量は他の材料に比べて低く、天然乾燥製材の場合は切削《せっさく》用のノコや表面仕上げのカンナなどに動力を使うのみで、消費エネルギーは小さくなります。産業革命以前のヨーロッパの製材所は水車の動力のみでノコ刃を駆動していたので、英語では製材所をソーミル（saw mill）と呼んでいます。

人工乾燥処理や、合板・パーティクルボードなどの木材を原料とした木質材料の製造であっても、鋼材やアルミニウムなどの金属の製造に比べてエネルギー消費やCO_2放出量は少なく、また森林における炭素吸収までをも考慮するとCO_2放出量はマイナスになってしまいます。


〈木材のカスケード型利用〉

木材は製材ばかりでなく、木材を原料として接着・複合して木質材料を製造して利用します。接着する木材のエレメント（要素）の大きさや形状により木質材料の種類が変わります。板などの製材を接着した集成材、スライスした単板（ベニア）を積層接着した合板、木片（チップ）を接着したパーティクルボード、パルプ（繊維や細胞にまでほぐす）を面状に成型したファイバーボードや紙などがあります。

木質材料を廃棄するときには、粉砕によりエレメントの小さな木質材料の原料としてリサイクルできます。また、パーティクルボードや紙については、それぞれの原料としてリサイクルできます。

このようにエレメントの大きさにより異なる利用形態を、多段階的利用、すなわち「カスケード型利用」と呼びます。

たとえば、住宅資材として利用された後の建築解体材は、細かく砕いた木材チップにしてパーティクルボードとして再び住宅資材として利用されています。

私たちが循環型社会を形成するために、このカスケード型利用が可能な木材は、循環資源として重要です。

◆エコ・コラム⑤

木材にはどんな性質があるのか

木材は、金属やプラスチックス（合成樹脂）やセラミックス（焼き物）などの他材料に比べて、以下のような性質があります。

①加工しやすい　加工に伴うエネルギー消費が少ない、軟らかい。

②密度が低いわりに強度がある　比強度が高い。これは、木材の細胞壁がセルロースミクロフィブリルと呼ばれる微細繊維で強化されているためと、木材自体が空隙を多く含む多孔質材料であるため。

③熱・音・電気を伝えにくい　熱伝導性が低く、遮音性があり、電気伝導性が低い。これも多孔質であることに由来する。

④調湿作用がある　木材内に水分子を吸着する性能があり、湿度の高い夏は空気中の水を吸収し、湿度の低い冬は空気中に水を放出する室内湿度の調整

機能があり、「天然のエアコン」と呼ばれる。

⑤腐る　虫や微生物(木材腐朽菌)などで生物的に強度が劣化するが、廃棄する場合は生分解性である。

⑥燃える　生分解が生物によりゆっくりと分解されていくのに対し、熱の発生を伴い化学的に分解するのが燃焼である。木材を処分する場合も、燃料として利用すれば、「バイオマス燃料」と認められる。木材が燃焼しても、ほとんどがH_2OとCO_2になり、有害物質を発生しない。

⑦心理的作用がある　建築の内装や家具に木材を使うことにより、調湿機能や熱伝導性が低いことによる木の「ぬくもり」や「あたたかさ」などのほかに、木材の持つ色、肌ざわり、節・木目模様の揺らぎなどが「やすらぎ」などの人間の心理に良い方向に働くことが認められている。

◆エコ・コラム⑥

木材を燃やしても二酸化炭素の排出源ではない

〈森林資源は再生可能エネルギー〉

再生可能なエネルギー源の効率的な利用として、また、化石燃料の代替エネルギーとして、バイオマス・エネルギーである森林資源が、期待されています(バイオは生物の意味で、マスは量の意味ですから、バイオマスは生物体総量の意味です)。

世界的な資源不足の時代の中で、生態系サイクルにより常に再生可能な生物有機体を資源としてみるバイオマスの考え方が生まれました。私たちの産業や生活でのエネルギー製造を考えるときに、生物由来のエネルギー源がバイオマス・エネルギーです。

化石燃料も元々は生物由来で、何億年などの長期間をへて地中に貯蔵された石油・石炭などに変化しました。これに比べ、バイオマスは太陽エネルギーを生物体内に貯蔵したもので、再生可能エネルギー・自然エネルギーの範疇です。

また、地球上のバイオマスの量としては、動物や農業生産物よりも、森林資源のほうが圧倒的に多いと認められます。森林資源である木材を燃焼してエネルギーを利用するのが、木質バイオマス、または、森林バイオマスと呼ばれています。

〈木材のサーマルリサイクル〉

木材のカスケード型利用（79ページ参照）により、何度もリサイクル（マテリアルリサイクル＝材料としてのリサイクル）して再利用された後であっても、燃料として利用（サーマルリサイクル＝熱としてのリサイクル）できます。

また、化石燃料などを燃やさなかった場合は、森林が1年間でCO_2を吸収して蓄積する木材量と同じ量までなら、木材を燃料として燃やしても大気中のCO_2量は増加しません。ゆえに、地球温暖化の原因は化石燃料の燃焼ですから、化石燃料の代替として木材を燃やすことが推奨されています。

〈森林バイオマスとカーボンニュートラル〉

森林内で樹木が枯れて、それまでに生産された木材のほとんどは、昆虫や木材腐朽菌（キノコ）により水（H_2O）とCO_2に分解され、この時に発生するエネルギーを昆虫や木材腐朽菌などが利用して生きています。森林での光合成生産物は普通の状態では石炭などの化石燃料になることはなく、このように生物により分解されてしまいます。

森林バイオマスはこのような生物が分解してしまう木材の一部を私たちが利用する、すなわち、燃焼してエネルギーとして使おうとすることです。

森林バイオマスを燃焼して発生するCO_2は森林で吸収されるので、CO_2排出源とはなりません。このことを「カーボンニュートラル」と呼びます。ヨーロッパでは熱や電気の生産・販売にあたり、炭素税（炭素の排出に対して税金を課す）が導入されていますが、森林バイオマスに関しては、木材を燃焼してCO_2が発生したとしても「カーボンニュートラル」なので炭素税は課しません。

〈森林バイオマスの利用〉

私たちが昔から使っていた薪炭も森林バイオマスの一種ですが、最近では、ストーブやボイラーの燃料として木材ペレット（木材燃料）が製造されています。

また、工業的には、森林バイオマスの利用としては、製材所の樹皮・鋸屑《のこくず》・鉋屑《かんなくず》やパルプ工場の黒液（セルロースのパルプを取り出した後の残りの黒い液体。40年ほど前はこれを海に垂れ流しヘドロ公害を引き起こした）を燃焼して、熱（蒸気にして、製材や紙の乾燥に利用）や電気（蒸気でタービンを回し発電する）を製造します。熱と電気の両方を利用するほうが効率的なので、コジェネレーション（コジェネまたは熱電併給）システムが採用されています。

また、森林では、丸太を伐採した跡に、枝葉を林地残材として残してきていますが、北欧では、半年から数年後に乾燥した林地残材を砕いてチップ（紙の原料の木材チップと区別して「森林チップ」と呼ぶ）にして、都市に電気や集中暖房の熱を供給する比較的大きな規模のコジェネのバイオマス発電所の燃料として利用しています。

◆エコ・コラム⑦
割り箸を捨てたら土に戻るのか

木材の元素組成は、炭素（C）50％、水素（H）6％、酸素（O）43％で、この3元素で99％を占めます。また、窒素（N）が0・3％ほどで、残りはカルシウム（Ca）、カリウム（K）、ナトリウム（Na）、マグネシウム（Mg）、鉄（Fe）、マンガン（Mn）、銅（Cu）、コバルト（Co）、リン（P）、ケイ素（Si）などの無機物が微量に含まれています。

このような木材を燃やしたら、99％は二酸化炭素と水に分解され、灰として燃え残るのは0・7％の無機物だけです。また、木材を土の上に捨てても微生物によりゆっくりと分解されて、最終的に土になるのは無機物だけです。

これに対して、石炭は、木材が地中や水中で長期間の酸素が無い状態で炭化されたものです。したがって、木材を炭化させるには、長期間の無酸素状態で酸素・水素・窒素を放出させるか、また、酸素が不十分の状態で燃焼させて炭化する、すなわち、製炭（炭やき）しなければなりません。木材を捨てただけではほとんど土になりません。

◆エコ・コラム⑧
割り箸と樹木の炭素量は？

〈割り箸が貯蔵する炭素量は？〉

間伐材割り箸は1膳約4gです。このうち炭素は

50%ですから2gの炭素を含んでいます。炭素の原子量は12、すなわち、1モル（mol）の炭素は12gです。

1モルの気体の体積は22・4ℓですから、割り箸1膳中には22・4×2／12＝3・73で約3・7ℓの二酸化炭素を樹木が吸収して、炭素が2g固定されていることになります。

〈1本の樹木の炭素固定量は？〉

樹木の場合も木材の重さがわかれば、その半分が炭素の質量です。まず、樹木の体積を計算します。幹の部分は円錐と仮定して、円錐の体積＝底面積×樹高÷3、底面積は半径×半径×円周率（3・14）で計算します。

また、樹木の質量＝樹木の体積×密度です。樹木の密度は樹種により大体決まっています。スギでは0・35g／㎤、ヒノキでは0・4g／㎤を使いましょう。

計算例を85ページに示します。

〈割り箸1膳でA4コピー紙が何枚できるのか〉

割り箸は木材ですから、紙の原料であるパルプを作ることができます。それでは、割り箸何膳でA4のコピー用紙ができるでしょうか？

割箸1膳は4gです。そのうち約50%はセルロース、あとは25%のヘミセルロースと25%のリグニンです。

セルロースがパルプになりますが、パルプ製造にはヘミセルロースとリグニンを取り除かなければなりません。リグニンは特に色が濃く、紙を作るときに致命的な欠点となるので、完全に取り除く必要があります。

このとき、セルロースの一部も融けて溶解セルロース（ファイバー飲料のようなセルロースが溶けた状態）として不要物である黒液として流失します。したがって、現在のパルプ技術では木材からはセルロースのパルプは40%しか取れません。したがって、割箸1膳からは4×0・4＝1・6で1・6gのパルプが作れます。

一方、A4コピー紙も4gです。したがって1・6÷4＝0・4で、割り箸1膳から0・4枚のA4コピー紙ができることになります。言い換えると、A4コピー紙を1枚作るのに4÷1・6＝2・5で2・5膳の割り箸が必要になります。

紙も割り箸同様に貴重な森林資源ですから、有効に使いましょう。

木の身体測定ワークシート

①樹種 ＿＿＿＿＿＿＿

②生息場所 ＿＿＿＿＿＿＿

③樹高
木の頂点を見た時の角度が45°の地点を見つけ、木からその地点までの距離を測る。
その距離に自分の目線の高さを足すと樹高が求められる。

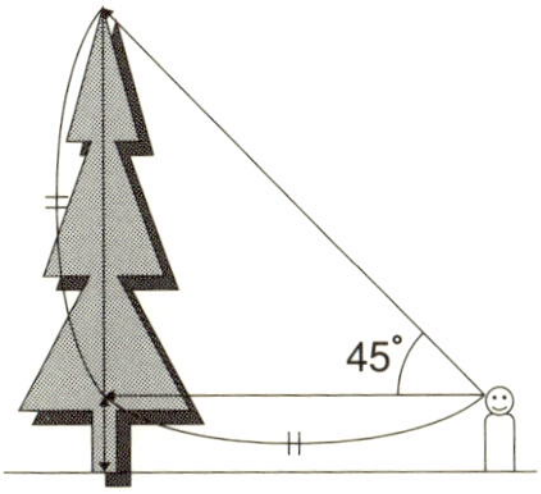

＿＿＿＿＿m

④幹の半径
幹の円周を測り、円周率で割ると直径が求められ、それを2で割ると半径が求められる。

半径＝円周÷3.14÷2

＿＿＿＿＿m

⑤幹の体積
木の幹は円錐であると仮定できる。
円錐の体積の公式を使うと、幹の体積が求められる。
幹の体積＝半径^2×3.14×樹高×$\frac{1}{3}$

＿＿＿＿＿m^3

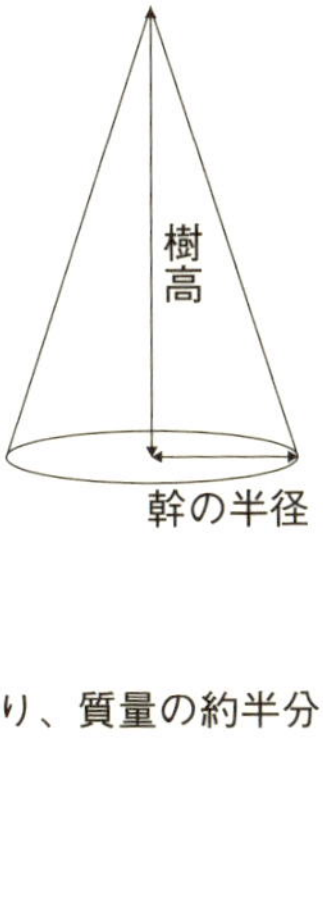

⑥幹の質量
その木の密度を調べ、体積と掛け合わせる。
幹の質量＝幹の体積×密度

＿＿＿＿＿t

⑦幹の炭素量
木は主に炭素、酸素、水素からできており、質量の約半分は炭素である。
幹の炭素量＝幹の質量×$\frac{1}{2}$

＿＿＿＿＿t・c

木の密度

樹種名	密度 (t/m^3)
アカマツ	0.48
イチョウ	0.51
ウメ	0.77
ウルシ	0.47
エノキ	0.58
オニグルミ	0.5
カキ	0.61
カシワ	0.82
カツラ	0.47
カラマツ	0.48
キリ	0.27
クスノキ	0.49
クヌギ	0.82
クリ	0.57
クロマツ	0.51
ケヤキ	0.64
コナラ	0.72
コブシ	0.42
サザンカ	0.9
サワラ	0.31
シダレヤナギ	0.52
シラカシ	0.79
シラカンバ	0.6
スギ	0.35
ソメイヨシノ	0.67
ツガ	0.47
ツバキ	0.81
トウヒ	0.39
トチノキ	0.48
ハルニレ	0.61
ヒイラギ	0.87
ヒノキ	0.4
ビワ	0.86
ブナ	0.62
ホオノキ	0.45
マカンバ	0.63
ミズナラ	0.64
メタセコイヤ	0.31
モミ	0.4
モモ	0.77

割り箸は地域再生・環境保全への出発点～あとがきに代えて～

１９９８年のＮＰＯ法人　ＪＵＯＮ　ＮＥＴＷＯＲＫ（樹恩ネットワーク）の誕生とともに始まった、間伐材からの割り箸生産と大学生協食堂での利用、パーティクル・ボードへのリサイクルの「間伐材割り箸」活動も、２００８年で10年を迎えます。

１９９６年に佐藤が大学生協連（全国大学生活協同組合連合会）の環境マネジメント推進委員会に参加した折に、「間伐材を利用し、食堂排水の汚れを削減する一石二鳥の対策」として、間伐材で割り箸を製造し、それを大学生協で利用することを提案しました。

また、１９９７年に、大学生協連の人・時・自然・環境委員会において、阪神淡路大震災を経験してのボランティア活動の重要性を認識し、「農山漁村と都市の住民を結び、地方の過疎問題・廃校問題・森林問題、地方文化の復興・まちおこしなどをテーマとするボランティア組織（ＪＵＯＮ　ＮＥＴＷＯＲＫ）」を立ち上げることになりました。当時大学生協連の専務だった小林正美氏（現・ＪＵＯＮ　ＮＥＴＷＯＲＫ副会長）に、「震災直後の学生仮設住宅設置の折にお世話になった徳島県・山城町森林組合に間伐材割り箸を製造してもらい、各大学生協食堂で利用する、間伐材割り箸事業をＪＵＯＮ　ＮＥＴＷＯＲＫの目玉にしよう」と持ちかけられました。

そこで、１９９７年11月に、徳島県の吉野川流域林業活性化センター、山城町森林組合、

箸蔵山荘や県・山城町の方々と、北海道旭川市のトドマツの割り箸工場見学を行いましたら、「輸入割り箸に押されて、工場は製造を止めたばかりで、再開はしない」とのことで、これから国産割り箸を生産しようとする私たちにとっては大きな不安でした。

大学生協や森林組合は、同じ組合として、利益だけを追求するのではなく組合員の福利厚生も目的とする。また、障害者施設も同様に利益を追求するものではないので、お互いの信頼関係により間伐材割り箸活動が支えられた、といっても過言ではないでしょう。

①国産割り箸逆風の時代であっても大学生協が必ず製造した割り箸を買ってくれること、②大学食堂で学生が毎日割り箸を使うごとに日本の森林のことを考えてくれること、③地球温暖化防止対策としてCO_2吸収源である森林の適正な管理である間伐について理解してもらうこと、④障害者の仕事づくりになること、などが理由となり、間伐材割り箸事業を開始することに決めました。

しかし、この間伐材割り箸事業は順風満帆とはいえない状況でスタートしました。コストをいかに削減するか、弱い材質だが強度をいかにカバーするかが常に検討課題でした。試行錯誤を繰り返した結果、現在では赤字を出さないで事業を展開できるようになりました。

また、徳島県での経験を生かし、埼玉県ブルーバードホーム江南愛の家と群馬県の三和会エルシーヌ藤ケ丘でも、間伐材割り箸の製造が開始されました。

この割り箸は、大学食堂のゼロエミッション化として検討してきましたが、本来のゼロ

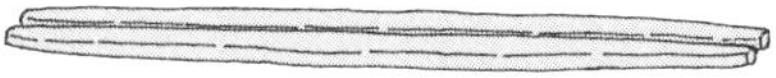

エミッションであるならば、輸送にともなうガソリンなどの燃料やエネルギー使用を削減するべきで、そのためには、地域内で生産・利用・リサイクルが行われる必要があります。したがって、使用する大学食堂の近くに割り箸生産拠点をつくり、また、地域のパーティクル・ボード工場でリサイクルすることをめざしています。

この数年間、市民や農工大の学生に以下の三択の質問をしています。

「次の中からあなたが正しいと思うものを一つ選んでください。

①木材利用は森林破壊である。②森林の適正な管理である間伐材ならば利用してよい。

③環境のために木材を利用すべきだ。」

割り箸活動を開始した当初は①の回答者が多く、②は少なく、③はほとんどいなかったのですが、最近では①はほとんどいなくなりました。これは、間伐材という言葉が普及したためで、間伐材割り箸活動も貢献していると思います。ただし、③は増えてはいますが、②よりも少ない状態です。

日本の森林の荒廃は、主伐材が適正な価格で売れないことが原因です。しかも最近では、間伐材は売れるので、主伐材も間伐材の価格になってしまっているのです。かつて、林家は主伐材で儲けるので、間伐材は手間賃だけ稼げばよいという価格設定になっていました。もし、主伐材が適正に売れれば林業の経営も成り立ち、市民に森づくりのボランティアを募り、任せる必要もなくなり、この不況の時期に正規に林業に従事する職員が増えるはずです。

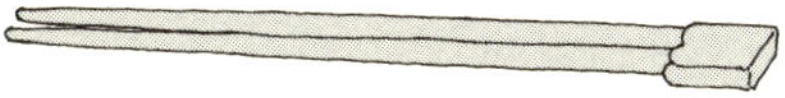

そのためには、住宅等の木造建築や建築内装に日本の木材を利用しなければなりません。

間伐材割り箸活動の目的である日本の森林問題を解決するためには、私たちが木材を利用し、森林資源を有効利用した循環型社会を構築する必要があります。そのためには、③の回答者を多くする必要があります。ところが、私たちＪＵＯＮ　ＮＥＴＷＯＲＫの中でさえ、間伐材割り箸ならばよいが、主伐材の端材を利用した割り箸は悪い、との誤解を持っている人が少なくありません。間伐材割り箸活動は、「間伐の理解」の段階から、次の「日本の木材の積極的な利用」の段階に来ています。

この10年間の活動を振り返り、今後の活動を展望するためにもこの本をまとめました。書名の『割り箸が地域と地球を救う』はいささか大げさすぎるかもしれませんが、これまでの間伐材割り箸活動は各方面から高い評価を得ています。地球温暖化防止などの環境問題解決の糸口として、間伐材割り箸を捉えることができます。

本書では、地球温暖化や森林のCO_2吸収機能、木材利用や木質バイオマス利用などの概念などをエコ・コラムで解説しました。間伐材割り箸を通して環境問題、日本の森林、山村問題などを考えていただければ幸いです。

なお、本書発刊にあたり、池田博愛会セルプ箸蔵、埼玉県ブルーバードホーム江南愛の家、大学生協連をはじめとするインフォメーション掲載の皆様、さらに編集関係の方々にお世話になりました。この場をお借りし、謝意を表します。

NPO法人 エコメディア・ファンデーション(アドバシ)

http://www.ecomedia.jp

日本繊維板工業会

〒103-0028　東京都中央区八重洲1-5-15　田中八重洲ビル

電話 03-3271-6883　FAX 03-3271-6884

http://www.jfpma.jp

小名浜合板株式会社

〒971-8183　福島県いわき市泉町下川字田宿1-1

電話 0246-56-6391　FAX 0246-56-0329

http://www.onahamagouhan.co.jp

日本割箸輸入協会

〒637-8691　奈良県五條市住川町1313　大和物産株式会社内

電話 0747-26-3700　FAX 0747-26-3200

http://www.waribasi.com

NPO法人 自然体験活動推進協議会(CONE)

〒160-0022　東京都新宿区新宿5-7-8-6F

電話 03-5363-2501　FAX 03-5363-2502

http://www.cone.ne.jp

株式会社 箸勝本店

〒101-0021　東京都千代田区外神田3-1-15

電話 03-3251-0840　FAX 03-3251-4084

http://www.hashikatsu.com

箸蔵山金毘羅事務所(箸蔵寺)

〒778-0020　徳島県三好市池田町州津蔵谷

電話 0883-72-0812　FAX 0883-72-5651

http://www.hashikura.or.jp

協同組合　東京の木で家を造る会

〒198-0036　東京都青梅市河辺町9-1-7-102

電話 0428-20-1088　FAX 0428-20-1099

http://www.forest.gr.jp

◆インフォメーション（本書内容関連）

社会福祉法人　池田博愛会セルプ箸蔵

〒778-0020　徳島県三好市池田町州津井関1104-11

電話　0883-72-2291　FAX　0883-72-0345

http://www.jci-tn.jp/jusan/hashikura/hashikura-home.htm

社会福祉法人　埼玉県ブルーバードホーム江南愛の家

〒360-0101　埼玉県熊谷市野原245

電話　048-536-3333　FAX　048-536-8333

社会福祉法人　三和会エルシーヌ藤ヶ丘

〒376-0144　群馬県桐生市黒保根町下田沢3480

電話　0277-96-2803　FAX　0277-96-3118

http://www1.ocn.ne.jp/~sanwakai/fuji.htm

全国大学生活協同組合連合会

〒166-8532　東京都杉並区和田3-30-22

電話　03-5307-1111　FAX　03-5307-1180

http://www.univcoop.or.jp

東京農工大学消費生活協同組合

〒183-0054　東京都府中市幸町3-5-8

電話　042-366-0762　FAX　042-352-7222

http://tuat.coop-bf.or.jp

早稲田大学生活協同組合

〒169-0051　東京都新宿区西早稲田1-6-1

電話　03-3207-8611　FAX　03-3207-8614

http://www.wcoop.ne.jp

三好西部森林組合（旧山城町森林組合）

〒779-5451　徳島県三好市山城町西宇1216

電話　0883-84-1310　FAX　0883-84-1315

下川製箸株式会社

〒098-1204　北海道上川郡下川町南町146

電話　01655-4-2578　FAX　01655-4-3078

http://shimokawa-seihashi.co.jp

MEMO

◆特定非営利活動法人 JUON（樹恩） NETWORK◆

JUON NETWORK（樹恩ネットワーク）は、都市と農山漁村の人々をネットワークで結ぶことにより環境の保全改良、地方文化の発掘と普及、過疎過密の問題の解決に取り組み、自立・協助の志で新しい価値観と生活様式を創造していくことを目的として、1998年４月に大学生協の呼びかけを受けて設立された特定非営利活動法人（NPO法人）。現在森林保全活動として、国産間伐材製「樹恩割り箸」の普及推進や森林環境教育プログラム「森林《もり》の楽校《がっこう》」（秋田、群馬、埼玉、新潟、富山、岐阜、兵庫、徳島、香川、高知、長崎の全国11カ所で実施·2007年度現在）、「森林ボランティア青年リーダー養成講座」（東京·兵庫）等を開催している。また、農家のお手伝いを行う「援農ボランティア養成講座」（山梨）も実施。そのほか、都市と農山漁村を結ぶ担い手の育成を目的とした資格検定制度「エコサーバー」を行う。会誌「JUON NETWORK」を隔月で発行。

特定非営利活動法人 JUON（樹恩） NETWORK　連絡先

〒166-8532　東京都杉並区和田3-30-22　大学生協会館内

TEL 03-5307-1102　FAX 03-5307-1091

E-mail：juon-office@univcoop.or.jp

URL：http://juon.univcoop.or.jp/

JUON NETWORKのマーク

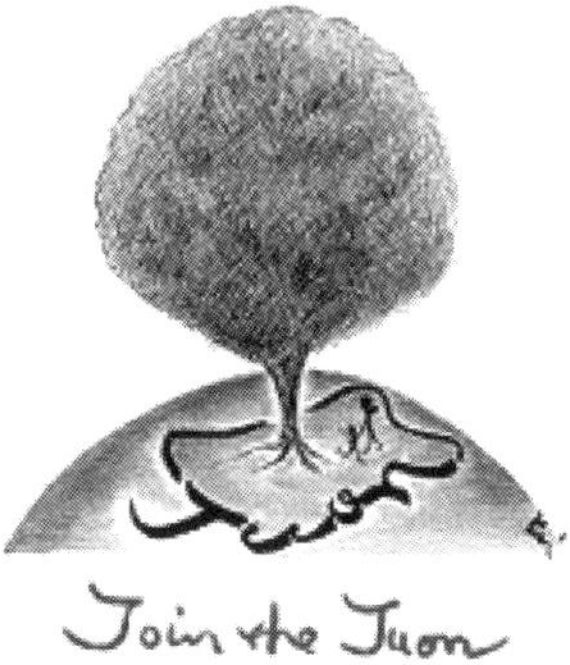

デザイン ——— 寺田有恒　ビレッジ·ハウス

イラストレーション ——— 楢　喜八

写真協力 ——— 大谷広樹　三戸森弘康　三宅 岳

箸蔵寺　日本割箸輸入協会

校正 ——— 霞　四郎

著者プロフィール

●佐藤敬一（さとう　けいいち）

1958年、東京都生まれ。東京農工大学大学院農学研究科林産学専攻修士課程修了。東京大学大学院農学系研究科博士課程中退。博士（農学）。東京農工大学農学部環境資源科学科准教授。森林資源、特に木材・木質材料が専門。NPO法人JUON NETWORK（樹恩ネットワーク）常任理事。東京農工大学消費生活協同組合理事長。全国大学生活協同組合連合会・環境活動推進委員会委員、東京地域センター理事。林野庁森林環境教育推進委員会委員。稲城市環境審議会委員などを務める。「大学で木を教えるなら、山に住まなければ」と山梨県上野原市に在住。

著書に『エコマテリアル学－基礎と応用』（日科技連出版社）、『ふれあい　まなび　つくる－森林環境教育プログラム事例集』（全国森林組合連合会）〈いずれも共同執筆〉など。

●鹿住貴之（かすみ　たかゆき）

1972年、千葉県生まれ。早稲田大学教育学部卒業。NPO法人JUON NETWORK（樹恩ネットワーク）事務局長。その他、東京ボランティア・市民活動センター運営委員、NPO法人森づくりフォーラム理事、森林環境教育推進委員などを務め、さまざまな市民活動に携わっている。森林を中心とした環境問題と、ボランティア・NPO活動を中心とした市民社会形成が現在のテーマ。

著書に『森林環境教育をはじめよう　森林環境教育事例集－事始め編』（全国森林組合連合会）、『地球と生きる133の方法』（家の光協会）、『親子ではじめるボランティア』（金子書房）〈いずれも共同執筆〉など。

割《わ》り箸《ばし》が地域《ちいき》と地球《ちきゅう》を救《すく》う

2007年10月15日　第1刷発行

著　　者——佐藤敬一《さとうけいいち》　鹿住貴之《かすみたかゆき》

発 行 者——相場博也

発 行 所——株式会社 創森社

〒162-0805 東京都新宿区矢来町96-4

TEL 03-5228-2270 FAX 03-5228-2410

http://www.soshinsha-pub.com

振替00160-7-770406

組　　版——株式会社 明昌堂

印刷製本——中央精版印刷株式会社

2007 Printed in Japan ISBN978-4-88340-212-0 C0061

創森社　〒162-0805　東京都新宿区矢来町96-4

TEL 03-5228-2270　FAX 03-5228-2410

＊定価（本体価格十税）は変わる場合があります

http://www.soshinsha-pub.com

〝食・農・環境・社会〟の本

- 病と闘う食事　境野米子著　1800円
- 百樹の森で　柿崎ヤス子著　1500円
- ブルーベリー百科Q&A　日本ブルーベリー協会編　2000円
- 産地直想　山下惣一著　1680円
- 焚き火大全　吉長成恭・関根秀樹・中川重年編　2940円
- 納豆主義の生き方　斎藤茂太著　1365円
- 玄米食完全マニュアル　境野米子著　1400円
- 手づくり石窯BOOK　中川重年編　1575円
- 農のモノサシ　山下惣一著　1680円
- 東京下町　小泉信一著　1575円
- ワイン博士のブドウ・ワイン学入門　山川祥秀著　1680円
- 豆腐屋さんの豆腐料理　山本久仁佳・山本成子著　1365円
- スプラウトレシピ　発芽を食べる育てる　片岡芙佐子著　1365円
- 豆屋さんの豆料理　長谷部美野子著　1365円

- 雑穀つぶつぶスイート　未来食アトリエ風編　木幡 恵著　1470円
- 不耕起でよみがえる　岩澤信夫著　2310円
- 薪のある暮らし方　深澤 光著　2310円
- 菜の花エコ革命　藤井絢子・菜の花プロジェクトネットワーク編著　1680円
- 市民農園のすすめ　千葉県市民農園協会編著　1680円
- 竹の魅力と活用　内村悦三編　2100円
- 農家のためのインターネット活用術　まちむら交流きこう編　竹森まりえ著　1400円
- 実践事例　園芸福祉をはじめる　日本園芸福祉普及協会編　2000円
- 体にやさしい麻の実料理　赤星栄志・水間礼子著　1470円
- 雪印100株運動　起業の原点・企業の責任　やまざきようこ・榊田みどり・大石和男・岸 康彦著　1575円
- 虫見板で豊かな田んぼへ　宇根 豊著　1470円
- 虫を食べる文化誌　梅谷献二著　2520円
- 森の贈りもの　柿崎ヤス子著　1500円

創森社　〒162-0805　東京都新宿区矢来町96-4
TEL 03-5228-2270　FAX 03-5228-2410
＊定価（本体価格＋税）は変わる場合があります
http://www.soshinsha-pub.com